碳中和背景下长三角生态工业园区低碳发展路径研究

RESEARCH ON THE LOW-CARBON DEVELOPMENT PATH OF ECO-INDUSTRIAL PARK IN YANGTZE RIVER DELTA UNDER THE BACKGROUND OF CARBON NEUTRALITY

朱沁园 芮菡艺 朱琳 张晨杰 苏秋克 苏敬 ◎ 著

河海大学出版社

HOHAI UNIVERSITY PRESS

·南京·

图书在版编目(CIP)数据

碳中和背景下长三角生态工业园区低碳发展路径研究 /
朱沁园等著. ‐‐南京：河海大学出版社，2024.11.
ISBN 978‐7‐5630‐9274‐1

Ⅰ.X321.25

中国国家版本馆 CIP 数据核字第 20242C93E6 号

书　　名	碳中和背景下长三角生态工业园区低碳发展路径研究	
	TANZHONGHE BEIJINGXIA CHANGSANJIAO SHENGTAI GONGYE YUANQU DITAN FAZHAN LUJING YANJIU	
书　　号	ISBN 978-7-5630-9274-1	
责任编辑	卢蓓蓓	
特约编辑	沈为奇	
特约校对	夏云秋	
封面设计	林云松风	
出版发行	河海大学出版社	
地　　址	南京市西康路1号(邮编:210098)	
电　　话	(025)83737852(总编室)　(025)83786934(编辑室)	
	(025)83787771(营销部)	
经　　销	江苏省新华发行集团有限公司	
排　　版	南京布克文化发展有限公司	
印　　刷	江苏凤凰数码印务有限公司	
开　　本	718 毫米×1000 毫米　1/16	
印　　张	12.25	
字　　数	233 千字	
版　　次	2024年11月第1版	
印　　次	2024年11月第1次印刷	
定　　价	85.00元	

前言

习近平总书记强调,实现碳达峰、碳中和是一场广泛而深刻的经济社会系统性变革,要把碳达峰、碳中和纳入生态文明建设整体布局。《中共中央 国务院关于完整准确全面贯彻新发展理念做好碳达峰碳中和工作的意见》《国务院关于印发2030年前碳达峰行动方案的通知》《关于统筹和加强应对气候变化与生态环境保护相关工作的指导意见》等"1＋N"政策体系陆续发布,明确碳达峰碳中和工作的战略定位和重大意义。

我国拥有数量庞大的开发区,开发区是我国工业生产的重要载体和组织模式,是引领区域经济快速发展的主阵地,也是污染物集中排放、资源能源消耗的区域。近几年,相关部委先后印发《关于在国家生态工业示范园区中加强发展低碳经济的通知》《关于组织开展国家低碳工业园区试点工作的通知》《关于推进国家生态工业示范园区碳达峰碳中和相关工作的通知》等文件,大力实施园区减污降碳协同增效,推动绿色低碳转型发展。

长三角区域是我国经济发展最为活跃、开放度最大、最具创造力的区域之一。长三角工业园区作为长三角区域重要的工业载体,是以生态环境高水平保护推动经济高质量发展的关键领域。在碳达峰、碳中和目标下,其低碳转型发展是新时期生态文明建设的内在要求,也将为区域协同应对气候变化提供新的战略空间。

基于以上背景,生态环境部南京环境科学研究所设立"碳达峰 碳中和"研究院项目"基于分解分析方法的开发区二氧化碳排放影响因素研究"(ZX2023SZY079)。该项目于2023年8月正式启动,在为期2年的研究过程中,项目组面向工业园区绿色低碳发展的需求,以推进园区绿色低碳高质量发展为目标,在调研长三角工业园区经济社会环境发展的基础上,总结工业园区碳排放的现状及问题,从打造清洁低碳能源体系、推进节能减排降碳增效、加速产业结构绿色升级、大力助推城市绿色更新、健全绿色低碳发展机制等方面提出工业园区绿色低碳重点任务。该项目的研究为我国其他工业园区的绿色低碳转型提供决策参考,为我国工业园区绿色低碳发展提供制度保障,有助于推动全国生态工业园区减污降碳协同治理。

本书是在生态环境部南京环境科学研究所设立"碳达峰 碳中和"研究院项目"基于分解分析方法的开发区二氧化碳排放影响因素研究"成果基础上编写而成,全书共包括9章。第1章,长三角生态工业园区低碳发展的背景与时代意义,介绍了本书研究背景,由朱沁园、朱琳编写;第2章,长三角生态工业园区减污降碳协同治理发展内涵,介绍了术语概念、理论基础、相关技术与方法,由芮菡艺、朱沁园编写;第3章,长三角生态工业园区应对气候变化主要政策,介绍了国家及长三角区域应对气候变化主要政策,由芮菡艺、苏秋克编写;第4章,长三角区域社会经济与低碳发展,分析了长三角区域社会经济发展现状、生态环境现状、区域能源消耗与碳排放现状,由芮菡艺、朱沁园编写;第5章,长三角生态工业园区减污降碳实践进展及成效,探讨了长三角生态工业园区经济社会发展现状、二氧化碳排放量现状,分析了其绿色低碳发展成效,由朱琳、张晨杰编写;第6章,实证研究,以南通经济技术开发区为例,对工业园区绿色低碳发展开展实证研究,由朱琳、苏秋克编写;第7章,长三角生态工业园区碳排放影响因素分析,构建工业园区碳排放影响因素指标体系,分析碳排放影响因素,由芮菡艺、朱沁园编写;第8章,企业碳减排实施进展及对策建议,对企业碳减排开展研究,由朱沁园、苏秋克、张晨杰编写;第9章,长三角生态工业园区绿色低碳重点任务,从打造清洁低碳能源体系、推进节能减排降碳增效等方面提出绿色低碳发展重点任务,由芮菡艺、苏秋克编写。

本项目在实施和编写整理过程中,得到了生态环境部南京环境科学研究所生态文明中心的大力支持,也得到了专家团队的悉心指导,在此向他们表示最诚挚的谢意!同时,本书在编写时虽已尽最大努力,但疏漏和错误在所难免,诚挚期望广大读者批评指正。

目录
CONTENTS

第1章 长三角生态工业园区低碳发展的背景与时代意义

1 实现碳中和已纳入我国中长期发展战略 ········· 003
  1.1 实现净零排放是当前国际气候治理的新趋势 ········· 003
  1.2 碳中和目标的提出为长三角生态工业园低碳转型发展赋予了新的内涵 ········· 004
  1.3 实现碳中和的"1+N"政策体系为长三角生态工业园低碳发展提供了政策参考 ········· 005

2 长三角区域工业化水平持续增长 ········· 006
  2.1 长三角的重要战略背景 ········· 006
  2.2 长三角城市化水平持续增长 ········· 006
  2.3 工业化对碳排放的影响存在争议 ········· 007

3 低碳发展是生态工业园区实现碳中和的必然要求 ········· 008
  3.1 建设生态工业园是可持续发展的重要实现途径 ········· 008
  3.2 生态工业园节能减排形势紧迫 ········· 009
  3.3 生态工业园理应领跑区域高质量发展 ········· 010

第2章 长三角生态工业园区减污降碳协同治理发展内涵

1 术语概念 ········· 013
  1.1 温室效应及温室气体 ········· 013
  1.2 碳达峰、碳中和 ········· 014
  1.3 生态工业园 ········· 016

2 理论基础 ········· 019
  2.1 可持续发展 ········· 019

  2.2 低碳经济学 ·· 021
  2.3 区域一体化理论 ·· 022
  2.4 协同治理 ·· 024
3 相关技术与方法 ··· 025
  3.1 二氧化碳排放测算方法 ··· 025
  3.2 碳汇测算方法 ·· 037
  3.3 碳达峰预测方法 ·· 040
  3.4 二氧化碳排放影响因素研究 ·· 042

第3章 长三角生态工业园区应对气候变化主要政策

1 国家应对气候变化主要政策 ·· 049
  1.1 《中共中央 国务院关于完整准确全面贯彻新发展理念做好碳达峰碳中和工作的意见》(2021年9月22日) ·············· 049
  1.2 《国务院关于印发2030年前碳达峰行动方案的通知》(国发〔2021〕23号) ··· 050
  1.3 《国务院关于加快建立健全绿色低碳循环发展经济体系的指导意见》(国发〔2021〕4号) ·· 050
  1.4 《国务院关于印发"十四五"节能减排综合工作方案的通知》(国发〔2021〕33号) ··· 051
  1.5 《国家发展改革委等部门关于严格能效约束推动重点领域节能降碳的若干意见》(发改产业〔2021〕1464号) ·············· 052
  1.6 《中共中央 国务院关于深入打好污染防治攻坚战的意见》(2021年11月2日) ·· 053
  1.7 《关于统筹和加强应对气候变化与生态环境保护相关工作的指导意见》(环综合〔2021〕4号) ··· 053
  1.8 《工业和信息化部 国家发展改革委 生态环境部关于印发工业领域碳达峰实施方案的通知》(工信部联节〔2022〕88号) ·············· 053
  1.9 《减污降碳协同增效实施方案》(环综合〔2022〕42号) ············ 055
  1.10 其他 ·· 056
2 长三角区域应对气候变化主要政策 ·· 056
  2.1 上海市应对气候变化主要政策 ·· 056
  2.2 江苏省应对气候变化主要政策 ·· 060
  2.3 浙江省应对气候变化主要政策 ·· 062

2.4　安徽省应对气候变化主要政策 ·· 065
3　园区应对气候变化主要政策 ·· 068
　　3.1　《关于在国家生态工业示范园区中加强发展低碳经济的通知》(环办函〔2009〕1359号) ··· 068
　　3.2　《关于在产业园区规划环评中开展碳排放评价试点的通知》(环办环评函〔2021〕471号) ·· 068
　　3.3　《关于推进国家生态工业示范园区碳达峰碳中和相关工作的通知》(科财函〔2021〕159号) ··· 069
　　3.4　产业园区减污降碳协同创新试点 ··· 069

第4章　长三角区域社会经济与低碳发展

1　长三角区域社会经济发展现状 ·· 073
　　1.1　长三角区域概述 ·· 073
　　1.2　长三角区域经济发展水平分析 ··· 074
2　长三角区域生态环境现状分析 ·· 076
　　2.1　各地区污染物排放现状分析 ·· 076
　　2.2　各地区生态环境质量现状分析 ··· 078
3　长三角区域能源消耗与碳排放现状 ·· 080
　　3.1　长三角区域能源消耗现状 ··· 080
　　3.2　长三角区域碳排放现状 ··· 083

第5章　长三角生态工业园区减污降碳实践进展及成效

1　长三角生态工业园区经济社会发展现状 ·· 089
　　1.1　长三角生态工业园区建设历程 ··· 089
　　1.2　长三角生态工业园区产业发展特征 ·· 093
　　1.3　长三角生态工业园区建设成效分析 ·· 094
　　1.4　长三角生态工业园区发展过程中面临的挑战 ································ 096
2　长三角生态工业园区二氧化碳排放量现状评估 ································ 098
　　2.1　工业园区二氧化碳排放特征 ·· 098
　　2.2　长三角生态工业园区二氧化碳排放分析 ···································· 099
3　长三角生态工业园区低碳发展成效分析 ·· 103
　　3.1　优化能源结构,构建清洁低碳格局 ·· 103
　　3.2　优化园区产业结构 ·· 104

3.3　完善园区低碳基础设施建设 ……………………………………… 105
　　3.4　创建绿色低碳示范园区 …………………………………………… 106

第6章　实证研究

1　园区碳排放和碳汇测算 …………………………………………………… 111
　　1.1　能源活动及碳排放量 ……………………………………………… 111
　　1.2　工业生产过程碳排放量 …………………………………………… 114
　　1.3　农业碳排放量 ……………………………………………………… 115
　　1.4　废弃物处理碳排放量 ……………………………………………… 115
　　1.5　碳汇现状 …………………………………………………………… 116
2　园区碳排放现状评估 ……………………………………………………… 117
　　2.1　开展的相关工作和取得的成效 …………………………………… 117
　　2.2　园区碳排放总量 …………………………………………………… 119
　　2.3　园区经济发展及碳排放指标 ……………………………………… 120
3　园区碳达峰实现的基础、优势和问题分析 ……………………………… 121
　　3.1　园区碳达峰实现的基础 …………………………………………… 121
　　3.2　园区碳达峰实现的优势 …………………………………………… 122
　　3.3　园区碳达峰实现的问题分析 ……………………………………… 123
　　3.4　碳达峰碳中和目标预测 …………………………………………… 124
4　园区碳达峰实施路径 ……………………………………………………… 128
　　4.1　碳达峰碳中和总体实施计划 ……………………………………… 128
　　4.2　碳达峰重点任务 …………………………………………………… 129

第7章　长三角生态工业园区碳排放影响因素分析

1　碳排放影响因素指标体系构建 …………………………………………… 139
　　1.1　指标选取原则 ……………………………………………………… 139
　　1.2　指标说明 …………………………………………………………… 139
　　1.3　指标体系构建 ……………………………………………………… 140
2　碳排放影响因素分析 ……………………………………………………… 143
3　案例分析 …………………………………………………………………… 144
　　3.1　2013—2022年CO_2排放量变化 ………………………………… 145
　　3.2　CO_2排放影响因素分析 ………………………………………… 146
　　3.3　锡山经济技术开发区低碳发展建议 ……………………………… 149

第8章　企业碳减排实施进展及对策建议

1 企业碳减排研究进展 ………………………………… 153
2 长三角生态工业园区企业碳减排实施进展 ……………… 154
 2.1 节能减排技术改造 ……………………………… 154
 2.2 清洁生产减污降碳 ……………………………… 156
 2.3 打造零碳样本企业 ……………………………… 157
3 长三角生态工业园区企业碳减排对策建议 ……………… 158
 3.1 从园区角度的碳减排对策建议 ………………… 158
 3.2 从企业角度的碳减排对策建议 ………………… 159

第9章　长三角生态工业园区绿色低碳重点任务

1 打造清洁低碳能源体系 ……………………………… 163
 1.1 严格控制煤炭消费 ……………………………… 163
 1.2 大力发展非化石能源 …………………………… 163
 1.3 合理调控油气消费 ……………………………… 163
 1.4 推动新型电力系统建设 ………………………… 164
2 推进节能减排降碳增效 ……………………………… 164
 2.1 深入推进节能精细化管理 ……………………… 164
 2.2 实施节能降碳重点工程 ………………………… 164
 2.3 推进重点用能设备节能增效 …………………… 165
 2.4 促进资源节约和循环利用 ……………………… 165
 2.5 加强公共机构节能降碳 ………………………… 165
3 加速产业结构绿色升级 ……………………………… 165
 3.1 以绿色招商带动绿色发展 ……………………… 166
 3.2 加快产业结构绿色转型 ………………………… 166
 3.3 大力发展绿色低碳产业 ………………………… 167
 3.4 强化协同联动以推动共建 ……………………… 167
4 大力助推城市绿色更新 ……………………………… 167
 4.1 全面构建绿色低碳交通运输体系 ……………… 167
 4.2 全面发展低碳绿色建筑技术 …………………… 168
5 持续提升生态碳汇能力 ……………………………… 169
 5.1 巩固提升碳汇能力 ……………………………… 169

5.2　推进农业减排固碳 ·················· 170
6　强化低碳技术创新应用 ······················ 170
　　6.1　开展低碳关键技术攻关行动 ·········· 170
　　6.2　推动技术创新平台载体建设 ·········· 171
　　6.3　加快低碳创新企业培育 ·············· 171
　　6.4　低碳创新人才引育行动 ·············· 171
7　推行绿色低碳生活方式 ···················· 172
　　7.1　积极培育绿色生活方式 ·············· 172
　　7.2　全面推进生活垃圾分类 ·············· 172
　　7.3　加快普及节能节水器具 ·············· 172
　　7.4　深入宣传节能降碳理念 ·············· 173
8　健全低碳发展机制 ························ 173
　　8.1　完善碳排放目标控制制度 ············ 173
　　8.2　加强温室气体排放监测、统计与核算 ···· 173
　　8.3　发展绿色金融 ······················ 174
　　8.4　加快推行碳排放交易 ················ 174

参考文献 ································· 175

第 1 章

长三角生态工业园区低碳发展的背景与时代意义

长三角区域是美丽中国建设的先行示范区,是我国经济发展水平最高、综合经济实力最强的区域,也是我国应对气候变化政策实践和创新的重要区域。长三角区域低碳发展将为区域协同应对气候变化提供新的战略空间和政策支撑。长三角工业园区作为长三角区域重要的工业载体,在碳达峰、碳中和目标下,其低碳转型发展将为区域协同应对气候变化提供新的战略空间和政策支撑,是新时期生态文明建设的内在要求,也是以生态环境高水平保护推动经济高质量发展的关键领域。研究长三角生态工业园区低碳发展的背景与时代意义,可以为我国其他工业园区的绿色低碳转型提供决策参考,为我国工业园区低碳发展提供制度保障,有助于推动全国生态工业园区减污降碳协同治理。

1　实现碳中和已纳入我国中长期发展战略

为落实《巴黎协定》相关规定,提振全球应对气候变化的信心,推动人类命运共同体建设,我国将应对气候变化纳入国家发展总体方略,不断推动中国低碳发展制度的完善。2021年两会期间,我国将力争2030年前实现碳达峰,2060年前实现碳中和的"双碳"目标作为重要目标纳入《中华人民共和国国民经济和社会发展第十四个五年规划和2035年远景目标纲要》(简称《"十四五"规划纲要》),对实现碳达峰、碳中和与应对气候变化进行了全面部署。

1.1　实现净零排放是当前国际气候治理的新趋势

为了形成合力来共同应对和解决气候变化问题,各国家和国际组织积极商讨对策,先后制定了各类框架公约。1992年,世界各国在巴西里约热内卢参加会议,会议讨论通过并发布了《联合国气候变化框架公约》,该公约明确对发达国家的碳排放量进行了限制,要求与会的发达国家在2000年的碳排放量总和与1990年的碳排放量总和相持平,该公约是人类历史上第一个以全球变暖为主题的国际公约。1997年,世界上主要碳排放国家在日本东京举行会议,会议通过并拟定了《京都议定书》,该协议书作为在巴西发布的《联合国气候变化框架公约》的补充条款,对发达国家的碳排放量做了进一步限制,要求其在2008—2012年排放的温室气体总量比1990年排放的总量减少5.2%[①]。2007年12月,世界各国在巴厘岛就当下全球气候变化问题解决方式的关键点展开讨论,并通过了"巴厘路线图",该会议要求签订协议的发达国家进一步减少碳排放量,在2020年前碳排放量比过往减少25%以上,这个会议为发达国家以及发展中国家落实《联合国气候变化框架公约》提供了新的方向。

2015年,第21届联合国气候变化大会在巴黎召开,会议通过了关于全球气候变暖控制的《巴黎协定》,该协议是人类历史上第一份覆盖近200个国家的全球减排协议。《巴黎协定》的签署意味着全球主要排放国就2020年后应对气候

---

① 全书因四舍五入,数据存在一定偏差。

变化行动达成了初步共识:本世纪末,把全球平均温度控制在高出工业革命之前水平 2℃ 以内,并将努力限定在 1.5℃ 内。联合国政府间气候变化专门委员会(IPCC)近期发布的《全球升温 1.5℃ 特别报告》显示,若将温升控制目标调整为 1.5℃,气候变化带来的损失与风险会大幅降低。而要实现该目标,必须在 2030 年之前将全球的温室气体排放总量削减一半,并在 2050 年达到净零排放。这意味着世界范围内必须在 2045—2060 年实现向净零排放转型。从国家战略层面来看,《联合国气候变化框架公约》(简称《公约》)秘书处要求各缔约方在 2020 年提交长期战略,而欧盟理事会正式通过决议,并于 2020 年 3 月 5 日向《公约》秘书处提交了《欧盟及其成员国长期温室气体低排放发展战略》,承诺欧盟将于 2050 年前实现气候中性(净零碳排放)。

国际上一些国家、地区或城市已经率先采取行动来实现 1.5℃ 减排目标。欧盟委员会于 2019 年 12 月发布"欧洲绿色新政"(European Green Deal),提出到 2050 年欧洲在全球范围内率先实现碳中和;瑞典于 2017 年提出到 2045 年实现净零排放的目标,并形成《气候法案》,于 2018 年正式生效,从而以法律的形式保障目标的实现;挪威于 2016 年提出到 2030 年实现碳中性的目标,提前 20 年完成原先设定的 2050 年目标;英国于 2019 年 6 月以国内立法形式确立净零碳排放目标;德国提出了本世纪中叶实现气候中性的目标。目前国际上大约有 100 个城市宣布以净零碳排放为目标,最早要在 2030 年就实现,这些城市大多是国际社会经济的领先者。总体来看,零碳目标年份设置在 2050 年及以前,是当前全球建设零碳城市的主流目标,但各国零碳城市的建设路径并不相同。

1.2 碳中和目标的提出为长三角生态工业园低碳转型发展赋予了新的内涵

我国已经是全球范围内能源消耗最多的国家之一,也是碳排放量较多的国家,2014 年 6 月召开的中央财经领导小组第六次会议表明,我国将把推动能源生产和消费革命作为长期战略。2015 年巴黎气候变化大会上,中国表示将在 2030 年前达到其碳排放量的峰值,展示出中国政府致力于应对全球气候变化的决心。我国于 2016 年年底发布了《能源生产和消费革命战略(2016—2030)》,提出到 2030 年,新增能源需求主要依靠清洁能源满足,到 2050 年,非化石能源占比超过一半。中国政府在 2014 年向国际社会承诺二氧化碳排放 2030 年左右达峰值并争取尽早达峰,地方层面也积极做出承诺并展开行动,如今已经有 80 多个城市提出了达峰年份目标。

第1章
长三角生态工业园区低碳发展的背景与时代意义

2020年9月22日,国家主席习近平在第七十五届联合国大会一般性辩论上表示,中国将提高国家自主贡献力度,采取更加有力的政策和措施,二氧化碳排放力争于2030年前达到峰值,努力争取2060年前实现碳中和。在2021年3月召开的第十三届全国人民代表大会第四次会议上,中国提出了实现碳排放峰值的目标与方案。2021年4月22日,中共中央总书记习近平强调,中国在《中华人民共和国宪法》中规定了生态文明的理念和建设,并将其列入了中国特色社会主义的整体规划之中。以生态文明为理念,中国贯彻了新发展的思想,在经济社会全面绿色转型的带动下,重点是推进能源绿色低碳转型,走生态优先、绿色发展之路。

当前我国一些试点省市和区域积累的可再生能源技术、核电技术以及先进电网技术的发展为未来实现碳中和提供了基础。2021年两会通过的《"十四五"规划纲要》提出"制定2030年前碳排放达峰行动方案""锚定努力争取2060年前实现碳中和,采取更加有力的政策和措施",为中国绘就了高质量发展路线图。"十四五"期间,我国部分城市将实现碳排放达峰。顺应时代潮流,尽快在长三角区域开展零碳试点是我国积极应对气候变化、展示负责任大国形象的"必选题"。

1.3 实现碳中和的"1+N"政策体系为长三角生态工业园低碳发展提供了政策参考

2021年9月22日中共中央国务院在《关于完整准确全面贯彻新发展理念做好碳达峰碳中和工作的意见》中明确提出"在京津冀协同发展、长江经济带发展、粤港澳大湾区建设、长三角一体化发展、黄河流域生态保护和高质量发展等区域重大战略实施中,强化绿色低碳发展导向和任务要求",为长三角区域"双碳"目标的实现提供了总体要求和策略指导。2021年10月24日,国务院发布《关于印发2030年前碳达峰行动方案的通知》中提出"京津冀、长三角、粤港澳大湾区等区域要发挥高质量发展动力源和增长极作用,率先推动经济社会发展全面绿色转型",为长三角区域碳达峰提出了更高要求。2021年11月,中共中央国务院在《关于深入打好污染防治攻坚战的意见》中明确提出,"十四五"时期,长三角地区煤炭消费量下降5%左右,为长三角区域能源转型明确具体目标。随着实现碳中和"1+N"政策体系陆续发布,碳达峰、碳中和工作的战略定位和重大意义越发明确。当前,我国距离实现碳达峰目标已不足10年,时间紧、任务重,必须把碳达峰、碳中和工作纳入经济社会发展全局,有序推动各项工作。

2 长三角区域工业化水平持续增长

2.1 长三角的重要战略背景

长三角地区是经济发展最为活跃、开放度最大、最具创造力的区域之一。在全面对外开放和现代化的大背景下,长三角地区扮演着十分重要的战略角色。为了进一步促进长三角地区的一体化发展,增强其创新和竞争能力,提升经济聚集度和区域连接性,需要加强政策协调和协同效率。然而,长三角地区的碳排放量在全国的比重也相对较高,长三角地区的节能减排对于中国来说意义非凡。长三角地区既要追求经济快速发展又要进行节能减排,因此,研究碳排放量的各项驱动因素和达峰路径对于长三角地区来说至关重要。

长三角区域普遍被认为是中国的经济中心,不仅因为其各方面实力都较强,而且其天然的地理环境和地区条件在我国都比较少见。长三角区域目前包括江苏省、浙江省、安徽省和上海市共四个省市级行政区,总占地面积为35.8万平方公里,占我国土地面积的4%左右。长三角区域的经济发展在中国的所有经济区中排在首位,其GDP总量大概占全国经济总量的四分之一。在评价社会进步中,其经济指标最具示范性,值得我国其他各省市学习。因此长三角区域在推动我国经济增长方面扮演着极其重要的角色。在能源消费总量和碳排放量方面,近20年中长三角区域在我国所占比例均较大,因此也成为我国政府特别关注的二氧化碳减排地区,在规范遏制能源消费和碳排放方面所需做的工作将非常困难,遇到的挑战也将更为残酷。

长三角区域尽管经济发达,但存储的资源并不丰富。同时,能源储备量少,经济的发展势必导致大量的能源消耗,进而导致碳排放量增加,引起对环境的破坏。因此,对长三角区域低碳转型发展开展研究,对中国发展经济和治理环境等方面具有代表性和借鉴意义,这样既可以减轻中国承诺到2030年实现的碳减排目标压力,还可以为长三角区域实现节能减排、发展低碳经济提供建议、措施。

2.2 长三角城市化水平持续增长

人类创造了城市,城市也为人类提供必要的生活支持,为社会经济的发展源源不断地提供资源和动力,人类生活离不开城市,城市的发展也离不开人类,两者相辅相成。城市是人类智慧文明的结晶,城市化是社会进步的表现,其发展能起到推动经济社会发展、产业结构优化升级、城乡一体化协同发展、中国经济持续健康稳中向好发展的重要作用。全球已有一半人口居住在城市,而我国人口约占世界人口总数的20%,我国的城市化进程发展迅速,城市化率显著提高,从世界角度来讲,我国的城市化对世界城市化进程的发展起了很大的作用。城市化进程的发展规律符合美国学者诺瑟姆提出的诺瑟姆曲线,即我们所熟知的"S"型曲线,该曲线主要分三个阶段来描述城市化:第一阶段城市化水平不超过30%,我们称之为城市化初期阶段,该阶段城市化发展速度非常缓慢;第二阶段城市化水平大于30%,小于70%,我们称之为城市化快速发展阶段;第三阶段城市化水平大于等于70%,我们称之为城市化成熟阶段。

1978年以来,我国城市化进程迅速推进,尤其是进入21世纪以来,随着国家推进城市化和促进劳动力转移的一系列政策出台,我国的城市化水平迅速提高。《中国统计年鉴》数据显示,1978—2020年间,我国的城市化水平由17.92%提高到63.89%,年均增幅达3%。2012年,中国共产党第十八次全国代表大会在北京召开,会议提出我国要坚持走新型城镇化道路,把城镇化建设作为党和政府的工作重心。2014年,国务院印发了《国家新型城镇化规划(2014—2020年)》,该文件作为我国城镇化发展的战略指导性文件,指明了我国城镇化发展的方向。2020年,国家发改委印发了《2020年新型城镇化建设和城乡融合发展重点任务》,该文件提出加快实施以促进人的城镇化为核心、提高发展质量为导向的新型城镇化战略。

根据《长三角一体化发展指数报告(2022)》,2021年,长三角城镇化率达到了71.45%,上海、南京、杭州的城市化率分别为87.6%、82.5%、77.4%。由此可见,长三角区域已处于城市化发展的第三阶段,即城市化成熟阶段。长三角作为我国经济发展最为活跃、开放度最大、最具创造力的区域之一,城镇化将会是未来一段时期内的重要发展方向和内容。然而在城市化高速发展的同时,也不可避免地产生了许多问题,需要我们引起重视。人口向城市转移的过程中会带来大量公共基础设施需求,城市化进程带来的工业化发展会增加能源消耗的需求,将产生大量碳排放,导致环境污染问题。若任由其发展,长此以往必将成为城市发展的制约因素。

2.3 工业化对碳排放的影响存在争议

由于人类历史发展中人口和产业的聚集,城市才日渐形成,城市发展过程中会消耗大量的能源以满足人类的基本需求,从而带来大量的碳排放;同时,也正是由于人口和产业在城市集聚,通过竞争和交流,促进社会生产力的提高和生产方式的变革,带来技术创新和科技进步,使得能源利用效率提高进而减少碳排放。城市发展是影响碳排放总量十分关键的因素,而城市化对碳排放的影响究竟是驱动还是抑制由二者相对作用大小决定,目前学术界对于工业化进程对碳排放影响的研究还没有形成系统的理论体系,部分学者如郭炳南等认为工业化进程促进了碳排放增加,另一部分学者如 Yao 等发现工业化会抑制碳排放规模、人均碳排放量和碳排放强度的增长。城市化对碳排放究竟是驱动还是抑制作用?工业化对碳排放的影响和作用效果有何区域差异性?这些问题都尚未形成定论。

鉴于此,本书将从理论和实证展开分析,研究工业化对碳排放的影响,以期得到更全面客观的结论。

3 低碳发展是生态工业园区实现碳中和的必然要求

3.1 建设生态工业园是可持续发展的重要实现途径

工业革命以来,寻求高效、可持续的发展模式一直是工业发展的主旨之一。19 世纪中叶,工业活动逐步在特定区域集中,与居住区和农业区隔离开。工业活动集中区域逐渐被称为工业区、工业园等。19 世纪末,英国经济学家马歇尔提出"产业集聚"的概念,20 世纪末波特进一步提出了产业集聚"钻石模型"理论,深入论述了产业集聚对竞争力的提升作用。产业集聚是推动区域经济增长的重要方式,是工业化过程中的普遍现象和工业高效发展的重要模式。产业集聚理论是推动工业园区发展的重要理论基础之一,工业园区为产业集聚提供了有利空间。

20 世纪 90 年代以来,发达国家就已经开始重视生态工业园的建设,日本、美国、加拿大及一些欧洲国家建设了数百个不同类型的生态工业园区。发达国家在发展过程中形成了许多著名的工业园区,如德国鲁尔工业区、荷兰鹿特丹工业区、比利时安特卫普化工区等。发达国家工业发展历程表明,工业园区是发展工业、促进区域经济发展的重要载体。工业园区通过产业集聚而增强了竞争优势,推动了生产要素集聚和产业升级,发挥了规模效益,降低了管理成本。同其他区域相比,通常工业园区内单位面积投资强度较大,土地集约利用程度较高,可最大限度地提高发展效益,同时可产生环境保护协同效应,对推动当地经济、社会和环境发展起到了重要作用。

在政府主导下,中国的工业园区发展已逾 30 年,园区已经成为我国经济发展的重要形式和主要力量。但"工厂"和"车间"巨大的资源能源消耗以及常规污染物、温室气体大量排放带来的诸多环境问题使其转型发展更为迫切。因此,研究中国工业园区的生态化发展尤为重要。随着产业生态学、生态工业园区、产业共生等理念和方法引入中国,许多工业园区积极探索和实践生态化发展,中国生态工业园区建设始于 2000 年,已成为解决发展中造成的沉重环境代价的试验田。党的十八大提出大力推进生态文明建设,"面对资源约束趋紧、环境污染严重、生态系统退化的严峻形势,必须树立尊重自然、顺应自然、保护自然的生态文明理念,把生态文明建设放在突出地位,融入经济建设、政治建设、文化建设、社会建设各方面和全过程,努力建设美丽中国,实现中华民族永续发展"。在国家的环保高层推动下,建设生态工业园区已经成为实现区域的可持续发展、经济与环境的"双赢"的一个极其重要的举措,我国目前正在积极试点、稳步推广,让生态工业的思想逐渐扩大影响。

3.2 生态工业园节能减排形势紧迫

我国是世界上最大的发展中国家,在过去几十年经济高速增长的过程中以牺牲资源和环境为代价的高投入、高污染的粗放型经济发展方式使得我国碳排放总量不断攀升,成为世界第一大碳排放国。绝大部分发达国家已经完成经济结构转型,产业结构以科技产业和要素密集型第三产业为主、科技发达、清洁能源得到广泛使用等特点都使得这些国家能在实现经济发展的同时处理好其与节能减排的关系。而我国正处于城市化快速推进、工业化快速发展的阶段,面临着比发达国家更大的碳减排压力和责任。和发达国家相比,我国目前的科学技术水平相对落后,能源利用率不高,2020 年我国的 GDP 占世界经济总量的 17.4%。我国一次能源消费量为 34.74 亿吨油当量,我国的一次能源消费量占据全球 26.13%,其中煤炭消费量占全球的比重为 54.33%。出现这样结果的原因主要有两个方面:一方面是我国能源结构不合理,我国能源消耗主要是煤炭;另外一方面是我国的能源利用率不高。

长三角地区作为我国东部经济最发达、工业化程度最高的地区,也是我国能源消耗量最大、温室气体排放最多的区域,集聚的产业链和密集的交通网络给该区域带来巨大的能源环境压力。生态工业园经济发展要继续,城市化进程也要持续推进,经济结构转型在短时期内较难完成,经济社会发展过程中面临的能源消耗和环境污染压力与日俱增,节能减排形势异常严峻。如何实现生态工业园的可持续发展?如何在减少碳排放的同时不影响国民经济的发展?这些问题值得我们去探讨和研究并据此提出相关政策建议。鉴于我国国情及长三角区域目前的情况,如何在稳步推进城市化的过程中做好碳减排工作,实现经济社会和生态环境保护协调发展,是长三角生态工业园正面临和亟待解决的问题。

3.3 生态工业园理应领跑区域高质量发展

工业园区二氧化碳排放量约占全国总排放的 31%。自碳达峰、碳中和(简称"双碳")目标提出以来,《2030 年前碳达峰行动方案》《"十四五"节能减排综合工作方案》《"十四五"循环经济发展规划》等文件均强调了工业园区在节能增效、循环发展、能源结构转型等方面提高工作水平的重要性。2022 年 6 月,生态环境部等七部委联合印发《减污降碳协同增效实施方案》(简称《实施方案》),对减污降碳协同增效工作进行了顶层设计和系统部署。工业园区作为方案重点关注对象之一,需从源头上发力,优化空间布局,将资源向低碳高效产业倾斜,积极推动能源消费结构低碳化转型;同时,要持续提升过程管控水平,以打造产业共生体系为导向,最大程度实现资源循环利用和能源梯级利用;在末端治理方面,要提高精准度,系统设计多环境要素协同治理技术方案,降低治污过程的能源、资源消耗量。《实施方案》同时提出要在工业园区开展减污降碳协同相关评价工作。实现减污降碳协同增效,是工业园区推动落实"双碳"目标的内在要求,急需相应评价考核办法进行引导。

根据《关于推进国家生态工业示范园区碳达峰碳中和相关工作的通知》等相关文件要求,工业园应强化"双碳"目标要求,制定相应的实施路径和举措,从能源结构和产业结构优化、低碳技术创新应用转化、"双碳"目标管理平台构建、绿色低碳理念宣传教育等方面开展重点工作。长三角工业园区有较为强大的产业基础,园区和企业经过多年积淀,正趁着"双碳"目标的压力率先发力,其在低碳转型发展方面的做法与实践,给我国其他地区工业园区低碳发展提供示范指导。新的战略目标将催生诸多新模式的诞生,也将深刻改变工业园区和企业的发展模式,长三角工业园作为区域经济发展主力军,应加快低碳转型发展,领跑高质量发展新征程。

第 2 章

长三角生态工业园区减污降碳协同治理发展内涵

作为绿色高质量发展的先行区,国家生态工业示范园区建设是加快工业现代化、促进绿色低碳循环发展的重要举措。自2007年国家生态工业示范园区建设全面启动以来,示范园区的数量逐年增加。受资源禀赋、区位条件、经济发展水平、产业结构等多重因素影响,长三角地区生态工业示范园区建设呈起步早、数量多的特点。探究长三角生态工业园区低碳发展的基本概念、理论基础和影响因素,对准确把握长三角生态工业园区低碳发展内涵、推动生态工业示范园区绿色低碳高质量发展具有重要意义。

1 术语概念

1.1 温室效应及温室气体

1.1.1 基本概念

1827年,法国数学家傅里叶发现地球大气层吸收了地表散射到太空中的热量,由此提出温室效应的概念。温室效应是太阳以电磁波——主要以可见光——的形式向地球辐射能量,其中一部分在到达地球表面以前即被反射回宇宙空间,一部分被大气层所吸收,一部分则穿过大气层到达地面。正是由于大气层中存在水汽、二氧化碳等强烈吸收红外线的气体成分,这些气体成分能使太阳光透过,同时吸收地面向宇宙空间发射的辐射,才使得目前地表温度保持在平均15℃。所以,大气层起到了类似"温室"的作用。大气层的这种作用就被称为"温室效应",大气温室效应的强弱与温室气体的浓度是相关的,正常的温室效应能够使地球维持一个适宜人类生存的温度。

自工业革命以来,人为产生的温室气体排放量不断增加。同时,随着大量化石燃料被开采利用、人工合成化学氮肥的产量和用量日益增加以及土地利用状况急剧变化,打破了各种天然温室气体成分的源和汇的自然平衡,使大气中的温室气体浓度呈现不断增长趋势。《碳排放权交易管理办法(试行)》(生态环境部令第19号)明确温室气体指大气中吸收和重新放出红外辐射的自然和人为的气态成分,包括二氧化碳(CO_2)、甲烷(CH_4)、氧化亚氮(N_2O)、氢氟碳化物(HFCs)、全氟化碳(PFCs)、六氟化硫(SF_6)和三氟化氮(NF_3)。其中CO_2、CH_4、N_2O是自然界本来就存在的成分,而HFCs、PFCs和SF_6则完全是人类活动的产物。过多的温室气体排放大大增强了温室效应,导致全球气候变暖和海平面上升。

1.1.2 工业园区碳排放特征

工业园区的碳排放量与聚集企业的生产类型、园区产业结构、产业规模等各项因素挂钩。但通常而言,多数的工业园区碳排放都具备如下几个特点:其一,碳排放的主要来源是工业企业生产。工业园区的主体可以分为工业生产企业、配套服务企业以及相关管理机构。在传统生产模式中,工业生产企业在生产过程中会产生大量的碳排放。随着产城融合发展理念的推广,许多工业园区逐渐走上了城镇化道路,实现了与居民的共存共荣,碳排放的主体也延伸至工业园区的服务业、居民生活等领域。当然,相较于工业企业生产,园区的服务产业和居民生活所产生的碳排放较小,还不足以撼动工业企业的主体地位,减排的重点对象依旧是工业企业生产。其二,碳排放主要源自能源活动。依据最新的国家温室气体清单指南的分类标准,工业园区的碳排放源主要包括能源活动排放、工业生产过程排放以及废弃物处理排放。其中能源活动排放占据工业园区碳排放的主要部分,囊括了电力消耗排放、热力排放等,高居整体碳排放的70%以上。随着工业化的不断推进,工业企业的能源消费呈现逐年上升趋势,其中电力消费占比提升明显。不断提高的工业企业电力消费会致使间接产生的碳排放逐渐升高。其三,碳排放气体主要是二氧化碳。目前国际普遍认可的温室气体种类主要为二氧化碳、甲烷、六氟化硫、氢氟碳化合物等,而多数工业园区在碳排放过程中产生的温室气体几乎涵盖了上述的全部种类。随着生产工艺改良和创新,六氟化硫这类保护性气体逐渐从工业生产中消失,二氧化碳以绝对的优势占据了工业企业的碳排放主要部分。

1.2　碳达峰、碳中和

1.2.1　基本概念

碳达峰(Peak Carbon Dioxide Emissions)指全球、国家、城市、企业等某个主体的碳排放量由升转降并在某个时间点达到峰值的过程。碳达峰并不仅仅指某个时间点,而是一个过程,即碳排放首先进入平台期并可能在一定范围内波动,然后进入平稳下降阶段,其核心是碳排放增速持续降低直至负增长。碳达峰目标包括达峰年份和峰值。

碳中和(Carbon Neutrality),又称为碳平衡、净零碳排放。这个概念最早源于1997年英国伦敦的未来森林(Future Forests)公司(现改名为碳中和公司,The Carbon Neutral Co.)提出的一个商业策划,后来发展为国际环保政策的重要目标。根据IPCC的定义,碳中和指在规定时期内二氧化碳的人为排放与人为清除之间正负抵消,即吸收量(消除量)等于排放量,从而达到碳平衡,实现二氧化碳净零排放。人为排放指人类活动造成的二氧化碳排放,包括化石燃料燃烧、工业过程、农业及土地利用活动排放等。人为清除指人类从大气中清除二氧化碳,包括造林增加碳汇、碳捕集、利用与封存等。由于目前人为温室气体排放的绝大部分是二氧化碳,因此在各国提出的中和或净零排放目标也常用"碳"代替温室气体。

碳达峰是碳中和的基础和前提,达峰时间的早晚和峰值的高低直接影响碳中和实现的时长和实现的难度。碳中和是对碳达峰的紧密约束,要求达峰行动方案必须要在实现碳中和的目标引领下制定。

1.2.2 我国"双碳"目标的提出

2020年9月22日,习近平总书记在第七十五届联合国大会一般性辩论大会上郑重宣布:中国将提高国家自主贡献力度,采取更加有力的政策和措施,二氧化碳排放力争于2030年前达到峰值,努力争取2060年前实现碳中和。

2020年12月,习近平在气候雄心峰会上发表题为《继往开来,开启全球应对气候变化新征程》的重要讲话,就全球气候治理提出3点倡议,呼吁从绿色发展中寻找发展的机遇和动力,并郑重宣布:到2030年,中国单位国内生产总值二氧化碳排放将比2005年下降65%以上,非化石能源占一次能源消费比重将达到25%左右,森林蓄积量将比2005年增加60亿立方米,风电、太阳能发电总装机容量将达到12亿千瓦以上。同时表示:中国将以新发展理念为引领,在推动高质量发展中促进经济社会发展全面绿色转型,脚踏实地落实上述目标,为全球应对气候变化作出更大贡献。

2021年3月,习近平总书记在中央财经委员会第九次会议上强调:实现碳达峰碳中和是一场广泛而深刻的经济社会系统性变革,要把碳达峰、碳中和纳入生态文明建设整体布局,拿出抓铁有痕的劲头,如期实现2030年前碳达峰、2060年前碳中和的目标。

2021年4月,习近平总书记在多国领导人气候峰会上发表重要讲话,进一步强调了中国应对气候变化的雄心和力度。用"三个最"来描述这场硬仗,这意味着中国作为世界上最大的发展中国家,将完成全球最高碳排放强度降幅,用全球历史上最短的时间实现从碳达峰到碳中和。

2021年5月,碳达峰碳中和工作领导小组第一次全体会议在北京召开。中共中央政治局常委、国务院副总理韩正主持会议并指出:实现碳达峰、碳中和,是我国实现可持续发展、高质量发展的内在要求,也是推动构建人类命运共同体的必然选择。要全面贯彻落实习近平生态文明思想,立足新发展阶段、贯彻新发展理念、构建新发展格局,扎实推进生态文明建设,确保如期实现碳达峰、碳中和目标。这是碳达峰碳中和工作领导小组的首次亮相,标志着中国双碳工作又迈出"重要一步"。

2021年7月,中共中央政治局召开会议,分析研究当前经济形势,部署下半年经济工作。中共中央总书记习近平主持会议,提出要统筹有序做好碳达峰、碳中和工作,尽快出台2030年前碳达峰行动方案,坚持全国一盘棋,纠正运动式"减碳",先立后破,坚决遏制"两高"项目盲目发展。

1.3 生态工业园

1.3.1 基本概念

生态工业园的最早提出尚未形成共识。有人认为美国康奈尔大学(Cornell University)首先提出了生态工业园区的概念,1995年蔻特(Cote)和哈尔(Hall)提出了生态工业园的定义,即一个工业系统,涵盖自然资源和经济资源,并减少生产、物质、能量、风险和处理成本与责任,改善运作效率、质量、工人的健康和公共形象,而且还提供由废物的利用和销售所能够获利的机会。但是也有人认为最早提出生态工业园区的人可以追溯到美国Indigo发展研究所(Indigo Development)欧纳斯特·洛威(Ernest Lowe)教授,他将生态工业园定义为一个由制造业和服务业组成的企业生物群落,它通过在包括能源、水、原材料这些基本要素在内的环境与资源方面的合作和管理,来实现生态环境与经济的双重优化和协调发展,最终使该企业群落寻求一种实现群体效益远大于个体效益的简单加和的生态工业模式。

《国家生态工业示范园区标准》(HJ 274—2015)明确生态工业指综合运用技术、经济和管理等措施,将生产过程中剩余的能量和产生的物料,传递给其他生产过程使用,形成企业内或企业间的能量和物料传输与高效利用的协作链网,从而在总体上提高整个生产过程的资源和能源利用效率、降低废物和污染物产生量的工业生产组织方式和发展模式。国家生态工业示范园区是指依据循环经济理念、工业生态学原理和清洁生产要求,符合《国家生态工业示范园区标准》《国家生态工业示范园区管理办法》及其他相关要求,并按规定程序通过审查,被授予相应称号的新型工业园区。

对于生态工业园的定义和内涵,虽然由于考察对象的不同而略有差异,但本质上是相同的,可以概括为两方面:一是园区内追求物质闭路循环和能量多级利用;二是园区内各成员实现清洁生产,各成员之间形成共生的协助关系。

1.3.2 我国生态工业园区发展历程

生态工业园是工业集群或工业园区建设和发展的标杆,发展生态工业园是各国政府推动循环经济的重要手段。1999年10月,原国家环保总局与联合国环境规划署共同组织实施"中国工业园区的环境管理"研究项目,确定天津经济技术开发区、大连经济技术开发区、烟台经济技术开发区和苏州高新技术产业开发区为循环经济试点单位。2001年8月,原国家环保总局批准建设贵港国家生态工业(制糖)示范园区,标志着我国正式启动生态工业园区建设项目。之后五年,又有大连经济技术开发、南海国家生态工业建设示范园区暨华南环保科技产业园、贵阳市开阳磷煤化工(国家)生态工业示范基地、福州经济技术开发区、包头国家生态工业(铝业)建设示范园区和山西安泰集团等13家工业园区开展国家生态工业示范园区创建。

2007年,原国家环保总局、商务部和科技部联合发布了《关于开展国家生态工业示范园区建设工作的通知》(环发〔2007〕51号),成立了国家生态工业示范园区建设协调领导小组,制定了《国家生态工业示范园区管理办法(试行)》(环发〔2007〕188号),国家生态工业示范园区建设全面启动。随后,国家生态工业示范园区管理体系在发展实践中不断完善,《生态工业园区建设规划编制指南》(HJ/T 409—2007)、《关于在国家生态工业示范园区中加强发展低碳经济的通知》(环办函〔2009〕1359号)、《关于加强国家生态工业示范园区建设的指导意见》(环发〔2011〕143号)、《国家生态工业示范园区管理办法》(环发〔2015〕167号)、《国家生态工业示范园区标准》(HJ 274—2015)、《关于开展国家生态工业示范园区复查评估的通知》(环办科技函〔2016〕152号)等政策文件陆续出台,进一步规范了国家生态工业示范园区的申报条件和程序、创建和验收方式以及绩效评估等,并鼓励和支持国家级开发区(经济技术开发区、高新技术产业开发区、保税区等)通过生态化改造申报生态工业示范园区。

之后,国家生态工业示范园区建设步入快速发展阶段,批准建设和正式命名的国家生态工业示范园区的数量快速增加,形成一批具有代表性的国家生态工业示范园区。截至2023年年底,经生态环境部、商务部、科技部批准设立命名的国家生态工业示范园区共73个,其中江苏26个,上海9个,浙江6个,安徽3个,具体见表2.1。示范园区分布总体呈现从东部逐渐向中西部扩展的态势。国家生态工业示范园区涵盖化工、汽车制造、电子信息、静脉产业等多个行业类型,既有国家级开发区,也有省级开发区,为全国工业园区绿色低碳循环发展提供了一批形式多样、鲜活生动的先进典型。

表 2.1 长三角国家生态工业示范园区名单

省(市)	国家生态工业示范园区
江苏省	苏州工业园区
	苏州高新技术产业开发区
	无锡新区(高新技术产业开发区)
	昆山经济技术开发区
	张家港保税区暨扬子江国际化学工业园
	扬州经济技术开发区
	南京经济技术开发区
	江苏常州钟楼经济开发区
	江阴高新技术产业开发区
	徐州经济技术开发区
	南京高新技术产业开发区
	常州国家高新技术产业开发区
	常熟经济技术开发区
	南通经济技术开发区
	江苏武进经济开发区
	武进国家高新技术产业开发区
	南京江宁经济技术开发区
	扬州维扬经济开发区
	盐城经济技术开发区
	连云港经济技术开发区
	淮安经济技术开发区
	国家东中西区域合作示范区(连云港徐圩新区)
	昆山高新技术产业开发区
	张家港经济技术开发区
	吴中经济技术开发区
	锡山经济技术开发区

续表

省(市)	国家生态工业示范园区
上海市	上海市莘庄工业区
	上海金桥出口加工区
	上海漕河泾新兴技术开发区
	上海化学工业经济技术开发区
	上海张江高科技园区
	上海闵行经济技术开发区
	上海市市北高新技术服务业园区
	上海市工业综合开发区
	上海青浦工业园区
浙江省	宁波经济技术开发区
	宁波高新技术产业开发区
	杭州经济技术开发区
	温州经济技术开发区
	嘉兴港区
	浙江杭州湾上虞工业园区
安徽省	合肥高新技术产业开发区
	芜湖经济技术开发区
	合肥经济技术开发区

2 理论基础

2.1 可持续发展

2.1.1 理论的提出与发展

可持续发展理论的形成经历了漫长的历史过程。20世纪50—60年代,人们在经济增长、城市化、人口爆炸、资源过度开采等形势所形成的环境压力下,开始对"增长＝发展"的模式产生怀疑,并展开了探讨。1962年,美国海洋生物学家蕾切尔·卡逊(Rachel Carson)《寂静的春天》一书出版,书中描绘了由农药污染所造成的可怕景象,惊呼人们将会失去"阳光明媚的春天",引发轰动,使人类开始认识到环境污染造成的危害是长期的、严重的。1972年,美国著名学者巴巴拉·沃德(Barbara Ward)和雷内·杜博斯(René Dubos)的《只有一个地球》出版,"只有一个地球"也是该年人类环境会议的口号,把人类对生存与环境的认识推向一个新高度。同年,罗马俱乐部发表了著名的研究报告《增长的极限》,明确提出"持续增长"和"均衡发展"的概念。1987年,挪威首相布伦特兰(Brundtland)在联合国世界与环境发展委员会发表了《我们共同的未来》,明确提出可持续发展概念,并以此为主题对人类共同关心的环境与发展问题进行了全面论述,受到世界各国政府、组织和舆论的极大重视。在1992年联合国环境与发展大会上,可持续发展要领得到与会者的承认。

2.1.2 可持续发展的定义与内涵

在《我们共同的未来》的报告中,可持续发展被定义为:既满足当代人的需求,而又不损害后代人满足其需求的能力的发展。

可持续发展强调社会、经济和环境的协调发展,追求人与自然、人与社会之间的一致性,即经济最大化与良好的社会效益的前提是环境资源的合理利用及保护。其蕴含的核心思想包括以下几点:一是可持续发展鼓励经济增长,不仅重视增长数量,更追求改善质量、提高效益、节约能源、减少废物,改变传统的生产和消费模式,实施清洁生产和文明消费。二是可持续发展以保护自然为基础,与资源和环境的承载能力相协调。在发展的同时必须保护环境,控制环境污染,改善环境质量,保护生命支持系统,保护生物多样性,保持地球生态的完整性,保证以持续的方式使用可再生资源,使人类的发展保持在地球承载能力之内。三是可持续发展要以改善和提高人民生活质量为目的,与社会进步相适应。可持续发展的内涵包括改善人类生活质量,提高人类健康水平,并创造一个保障人们享有平等、自由、教育、人权和免受暴力的社会环境。四是可持续发展承认并要求体现环境资源的价值。这种价值不仅体现在环境对经济系统的支撑和服务上,也体现在环境对生命支持系统的存在价值上。应当把生产中环境资源的投入和服务计入生产成本和产品价值中,并逐步修改和完善国民经济核算体系。

可持续发展基本理论主要包括:费利(Firey)的资源利用理论、萨德勒(Saddler)的系统透视理论及杜思(Dorcey)的系统关系理论等。

2.2 低碳经济学

2.2.1 低碳经济学的提出

"低碳经济"一词最早见诸政府文件是在 2003 年的英国能源白皮书《我们能源的未来:创建低碳经济》。低碳经济的出现是气候变化的必然结果,全球气温的急速变暖所导致的负面影响大于正面影响,全球有必要降低温室气体排放量,发展低碳经济模式。

2.2.2 理论内涵

低碳经济学是经济学和资源环境科学交叉的分支学科,其目标与资源环境经济学又有不同,它的唯一指向是减碳,以碳为中心的能源节省和环境保护,是以减碳为约束的经济增长。作为新兴交叉学科,低碳经济学研究内容十分丰富,并且已形成了研究的基本框架。

低碳经济学的基本理论是低碳经济学发展和完善的基础,主要基本理论有以下三方面:一是包括马克思主义政治经济学、新古典经济学、凯恩斯主义经济学、新制度经济学在内的主流经济理论对环境与经济发展关系分析的相关内容;二是对经济与环境相互关系的分析方法和测评理论,包括脱钩评价体系、Kaya 分解公式和 EKC 曲线等;三是关于社会再生产中碳排放和碳吸收具体的核算方法。

低碳经济学的研究对象总体来说可分为三类:一是研究社会再生产过程中碳排放下降的实现路径;二是研究碳排放与经济发展之间的关系,即在保证经济发展的前提下实现碳排放的减少,或者在经济增长过程中实现经济增长与碳排放增长的脱钩;三是研究如何发展能够给本国经济带来新的发展动力并形成具有全球竞争力的低碳产业。

低碳经济学具有以下性质:一是边缘性。低碳经济问题研究要涉及自然、经济、技术和管理等方面因素,不仅与经济学、资源环境科学有直接关系,而且与地学、生物学、技术科学、管理科学甚至法学等许多学科在内容和研究领域上有很大的交叉。由于这样的性质,在研究低碳经济问题时,既要重视经济规律的作用,又要受到自然规律的制约,还要强调历史文化和国际关系在其中的重要影响。二是应用性。低碳经济学主要运用经济学科、资源环境科学的理论和方法研究正确协调经济发展与资源消耗和环境保护之间的关系,为制定科学的社会经济发展政策、资源利用政策和环境保护政策提供依据,为各种经济低碳化问题提供技术、方案和依据。所以说,低碳经济学是一门应用性、实践性都很强的学科。三是整体性。低碳经济学的整体性,是由资源环境经济系统的整体性决定的。资源环境经济系统是资源系统、环境系统与经济系统相结合的统一整体,低碳经济学就是从资源环境经济系统的整体性出发,从资源、环境与经济的全局出发,揭示资源、环境与经济问题的本质,寻求解决资源环境和经济对立统一问题的有效途径。

2.2.3 碳中和导向的经济转型理论

实现碳中和目标是经济发展方式的一次重要变革,关系到能源结构、产业结构、交通运输结构和技术范式的转型。关于碳排放的影响因素,IPAT 模型是基础,如果用 I 表示对环境的影响力,用 P 表示人口,用 A 表示人均财富量,用 T 表示技术,那么就有:

$$I = PAT \tag{2.1}$$

这个公式表明,影响环境的三个直接因素是人口、人均财富量(或国内生产总值中的收益)和技术以及相互间作用的影响。以碳排放的 IPAT 模型为基础,经济增长、能源需求和碳排放之间的关系可以结合 Kaya 模型表达。

Kaya 模型表达式为:

$$CO_2 = \frac{CO_2}{PE} \cdot \frac{PE}{GDP} \cdot \frac{GDP}{POP} \cdot POP \tag{2.2}$$

其中,CO_2 表示二氧化碳排放量;PE 表示一次能源消费总量;GDP 表示国内生产总值;POP 表示省内人口总量;$\frac{GDP}{POP}$ 表示人均 GDP;$\frac{PE}{GDP}$ 表示能源强度,即生产单位 GDP 所消费的能源;$\frac{CO_2}{PE}$ 表示能源综合 CO_2 排放系数,即单位能源消耗所产生的 CO_2 排放,主要与能源结构相关。

2.3 区域一体化理论

2.3.1 理论内涵

区域一体化发展是以城市群、都市圈为主要载体,推动实现市场一体、联通便捷、产业融合、创新协作、治理协同、成果共享的区域战略新安排。区域经济一体化根据行政范围可分为国家或关税区间经济一体化、国内不同区域之间经济一体化,其本质上都是为了获取不同地区之间通过分工合作带来的利益,从而提高自身经济实力。

2.3.2 长三角低碳发展一体化理论依据

长三角低碳发展一体化,理论依据主要有四个方面:第一,自然禀赋的差异性,决定了区域合作的必要性。低碳目标下的区域经济发展,要求对风能、光能、水能、生物质能等可再生能源及核能进行深度开发和综合利用,长三角区域人口稠密、经济密度高,对可再生能源的需求大,可再生能源开发具有规模经济效应,集中式或分布式的可再生能源都要求一个具有一定规模的消费市场,这样才有利于可再生能源及核能的投资开发。而且,可再生能源的产品供给和消费往往存在空间的错配,需要通过智能电网来进行分配,并且需要构建电力交易市场实现产品交换,而长三角区域一体化发展只有以市场一体化为核心,才可以逐步把处于分割状态的"行政区经济"聚合为开放型区域经济,把区域狭小的规模市场演变为区域巨大的规模市场。第二,由于碳定价机制的缺乏,区域碳排放泄露对区域公平性带来了损害。长三角区域间存在着复杂的产业链和价值链流动关系,而由于区域内环境标准不统一,三省一市的碳排放成本存在区域差异,容易导致碳排放强度高的产业向环境标准宽松的地区集聚,从而不利于经济体向零碳经济转型。长三角区域作为我国"双循环"战略的枢纽,面临着碳关税壁垒的危机,亟待构建区域一体化的碳定价体系,消除碳排放的外部性。而区域一体化意味着区域内碳定价规则的一致性,碳排放带来的负外部性可以通过区域内的市场机制得到补偿,高碳排放行业和企业将面临融资困难,而在清洁能源、清洁技术领域的投资能够获得稳定的投资收益,成为新的经济增长点并带动就业率提升。这有利于加快碳生产力落后地区经济转型,早日实现碳中和。第三,低碳发展,是资源高效利用的经济,而这就要求资源要素的充分流动,降低单位要素的碳排放。碳中和导向下,能源资源利用的模式发生根本性变革,传统的、以化石能源为主体的能源利用模式将向以风能、太阳能、水电和核能等清洁能源为主的模式转变。在碳中和目标下,"碳要素"可能会从一个约束条件变成一个重要的生产要素,成为与资本、劳动并列的生产要素,企业产品和原材料的碳含量指标将成为与成本、质量和服务同等重要的竞争要素。只有一体化的区域发展模式,才能打破要素流动的壁垒,促进清洁能源、绿色科技、绿色融资等要素的自由流动,促进资源利用效率的提高,为区域经济绿色高质量发展提供不竭动力。这就要求长三角区域完善资源开发利用的生态环境成本,推广生态补偿制度,推进可再生能源的有序开放和高效利用。第四,实现碳中和是经济社会发展模式的颠覆性创新,需要虹吸全球创新要素。实现碳中和已经成为全球共识,如何在全球产业链和供应链零碳转型中抢占先机,是长三角区域一体化发展的题中应有之义。互惠互利的区域协同创新体系和一体化技术市场将加速创新要素的集聚度,有利于长三角创新策源地迅速聚优势、树标杆。长三角区域一体化发展有利于长三角区域企业广泛吸收本国的知识资本、技术资本和人力资本,形成新的全球分工或产品内分工格局,使长三角区域企业从全球价值链低端的成员成为全球创新链中的一个有机组成部分。同时,长三角区域还要完善同国际接轨的绿色投、融资机制,加快淘汰高污染高耗能产业,打造绿色供应链、绿色产业链和绿色价值链。

2.4 协同治理

2.4.1 理论内涵

根据协同理论创始人赫尔曼的定义,协同是指由各组成部分相互之间合作而产生的集体效应或整体效应。协同治理理论以协同学为基础,成为公共政策研究领域的一种重要的分析框架和方法工具。它从系统的角度去看待经济社会的发展,通过管理理念、方式、路径和机制的重要创新,形成多元主体默契配合、井然有序的自发和自组织集体行动,从而实现资源配置效用最大化和系统整体功能的提升。

协同治理是由一个或多个公共部门直接与利益相关的非政府组织一起做集体决策过程中的一种治理安排,这种治理安排通常是正式的、基于共识和审议的,其目的是制定和执行公共政策或开展公共事务管理活动。从学理上说,协同治理包括治理主体多元化、自组织、各子系统间协同竞争合作以及共同规则制定等内涵。协同治理的本质是在共同处理复杂社会公共事务的过程中,通过构建协同创新愿景,建立信息共享网络,达成共同的制度规则,从而消除现实中存在的隔阂和冲突,弥补政府、市场和社会单一主体治理的局限性,促进相关主体的利益协同,实现多元主体共同行动、多个子系统相互合作,使系统产生出微观层次所无法实现的新的系统结构和功能。针对区域协同治理,关键在于契合区域的发展阶段、发展特点和发展难题,找到对系统有序运行起决定性作用的序参量,以此为抓手推动机制创新,提升区域治理水平。

2.4.2 减污降碳协同治理理论依据

化石能源的燃烧和加工利用,会同时产生二氧化碳、二氧化硫、氮氧化物、悬浮颗粒物、挥发性有机污染物等大气污染物。联合国政府间气候变化专门委员会(IPCC)第五次评估报告表明,1970—2010 年间化石能源燃烧和工业过程产生的碳排放量占温室气体排放总量的 78%。基于大气污染物排放和碳排放的同根同源性,减污行动可带来降碳效应,反之亦然。

《中华人民共和国国民经济和社会发展第十四个五年规划和 2035 年远景目标纲要》提出协同推进减污降碳。一方面,加强城市大气质量达标管理,地级及以上城市 $PM_{2.5}$ 浓度下降 10%,氮氧化物和挥发性有机物排放量分别下降 10%以上。另一方面,推动能源清洁低碳安全高效利用,深入推进工业、建筑、交通等领域低碳转型,支持有条件的地方和重点行业、重点企业率先达到碳排放峰值。

面对生态文明建设新形势、新任务、新要求,基于环境污染物排放和碳排放高度同根同源的特征,必须立足实际,遵循减污降碳内在规律,强化源头治理、系统治理、综合治理,切实发挥好降碳行动对生态环境质量改善的源头牵引作用,充分利用现有生态环境制度体系协同促进低碳发展,创新政策措施,优化治理路线,推动减污降碳协同增效。减污降碳协同治理是贯彻落实习近平生态文明思想、推进生态文明建设的关键途径和重要抓手,现阶段要把降碳作为源头治理的"牛鼻子",协同控制温室气体与污染物排放。协同治理可以节约时间成本和经济成本,有助于提高社会经济福利,从而实现绿色发展的良性循环。

3 相关技术与方法

3.1 二氧化碳排放测算方法

现有研究及实际应用的温室气体核算方法主要包括两类:排放清单法和投入产出法。

排放清单法指首先构建包含各主要温室气体排放活动的清单,再依照清单进行温室气体排放的核算分析的方法,其基本计算原理为:碳排放=活动水平×排放因子。排放清单法具有操作简单、易标准化、便于推广等优点,是目前应用最广、相关研究最多的方法,在各个国家和地区、行业、园区、企业等层面均有广泛应用。国外学者基于排放清单法开展了碳排放的研究,Quadrelli 等分析了 1971—2004 年全球的碳排放格局,研究得出这些年世界碳排放量上升明显。Hammon 等研究了英国第二产业的碳排放量,分析得出 1990—2007 年英国碳排放量以百分之二的年均速度降低。国内基于排放清单法的相关研究也较多,程叶青等使用排放清单法获得了中国 1997—2010 年的二氧化碳排放量。孙雷刚等基于排放清单法,结合土地使用面积、能源使用量及相关研究数据,研究和计算了 2000—2013 年环京地区的五座地级市的碳排放情况和时空分布。宋杰鲲借助 IPCC 相关的指导文件计算得出了多种能源对应的碳排放系数,随后通过进一步研究获得了 2000—2009 年山东省碳排放量。郑凌霄等利用中国 2000—2013 年的 GDP 和能源消费量数据,获得了我国经济发展与碳排放量间的关系,奠定了之后分析各影响因素对碳排放作用效果的基础。

投入产出法指通过投入产出表刻画各部门间原料输入与产品输出关系,结合碳排放矩阵和生命周期评价方法对碳排放进行计算。投入产出法通常不存在数据的取舍,具备较好的完整性,但由于投入产出表的编制工作通常仅在较大尺度的领域开展,因此相关研究多集中于行业、区域、国家和全球等较大尺度领域,在工业园区仅有少量应用。

目前针对工业园区层面的温室气体核算研究仍处于探索阶段,国内外尚未形成专门的核算指南,现有研究大多借鉴已有的针对其他层面的核算方法,其中广泛参考使用的主要有两套体系:一是由 IPCC 发布的全球首个温室气体清单编制指南《2006 年 IPCC 国家温室气体清单指南》,根据该清单形成一套适用于工业园区碳排放核算的方法体系;二是由世界资源研究所(WRI)和世界可持续发展工商理事会(WBCSD)共同编制的温室气体核算体系,为有效避免同一碳排放在不同主体间的重复计算,其将企业/组织的温室气体排放划分为范围 1~3,该方法在行业、园区、城市和国家等不同尺度的领域得到广泛应用。在工业园区层面,范围 1~3 被定义为:范围 1,指园区实际管辖边界内的所有直接碳排放;范围 2,指园区从外部购入的电力和热力等在上游生产过程中产生的间接碳排放;范围 3,指园区除范围 2 之外的其他所有间接排放。

基于排放清单法的应用,Liu 等基于《2006 年 IPCC 国家温室气体清单指南》核算了苏州工业园区 2005 年至 2010 年燃料燃烧和电力、热力消费引发的碳排放;在此基础上,Wang 等借助此前构建的应用于城市层面的核算方法,进一步完善苏州工业园区碳排放核算框架,增加了废弃物处理和农业部门的能源消费。上述研究均仅考虑了范围 1 和范围 2,为更完整地核算工业园区碳排放,Liu 等基于 IPCC 和 WRI 的核算方法体系,以北京经济技术开发区为对象,涵盖范围扩展至能源消费、工业过程和产品使用以及废弃物处理,其中园区外处理的废弃物导致的排放属于范围 3;齐静和陈彬结合生命周期评价,将产业园区划分为建设期、运行管理期和拆除处置期三个阶段,构建了包含能源消耗、工业生产、物质材料消耗、仪器设备投入、废弃物处理处置和景观绿化在内的较为全面的排放清单,然而,受限于薄弱的数据基础,该清单难以在各级园区广泛应用。为增强可行性,研究者开始"简化"核算方法,例如,吕斌等将《2006年IPCC国家温室气体清单指南》与《省级温室气体清单编制指南》结合,制定的排放清单涵盖园区碳排放的主体部分,即能源消费引发的碳排放;Guo等从生命周期视角出发,将园区消费的能源在生产运输过程中带来的碳排放范围3纳入核算体系,在增加核算结果完整性的同时保留了较高的可行性。

工业园区碳排放核算方法的基本思路是充分考虑园区碳排放的特征,在借鉴现有《2006年IPCC国家温室气体清单指南》《省级温室气体清单编制指南》及各行业企业温室气体排放核算规则以及前人相关研究的基础上,形成一套适用于工业园区碳排放核算的方法体系。该方法体系至少应包括核算边界、核算内容、计算方法三部分。

3.1.1 核算边界

核算边界包括园区的地理边界和数据统计边界。因工业园区大多具有明确的行政区划,现有研究较少讨论地理边界。然而,实践发现大量园区实际管辖面积已与公告目录存在较大差异,因此需对园区边界进行明确界定,以确保温室气体核算结果的准确性与完整性。对于数据统计边界,不同部门日常管理可能会采用不同的核算边界,具有不同的统计途径。例如园区经济数据统计通常涵盖园区内注册的所有"四上"企业,包含区内注册区外经营部分;而环保数据则通常为属地原则,仅统计园区内经营企业,两者存在显著差异。因此,在开展工业园区温室气体排放核算工作时,应对园区实际管辖范围、数据统计边界、温室气体核算边界等进行明确与统一,使核算结果对园区减碳工作更具现实指导意义。

3.1.2 核算内容

在核算范围方面,范围1和2是多数工业园区碳排放的主要来源,且其计算相对清晰明确,核算时必须考虑。范围3在不同园区涵盖内容存在显著差异,核算时宜根据园区情况"一园一策"处理,涉及大量园区时可选取具备代表性与共同性的部分进行计算,如固体废物委外处理、能源和大宗原料生产运输等。

对于核算气体种类,《京都议定书》及《多哈修正案》规定了7种主要的温室气体,包括CO_2、CH_4、N_2O、$HFCs$、$PFCs$、SF_6和NF_3,我国生态环境部发布的《碳排放权交易管理办法(试行)》也明确将温室气体定义为这7种气体。在工业园区碳排放的三类主要来源中(图2.1),能源消耗是碳排放的最主要来源,涉及

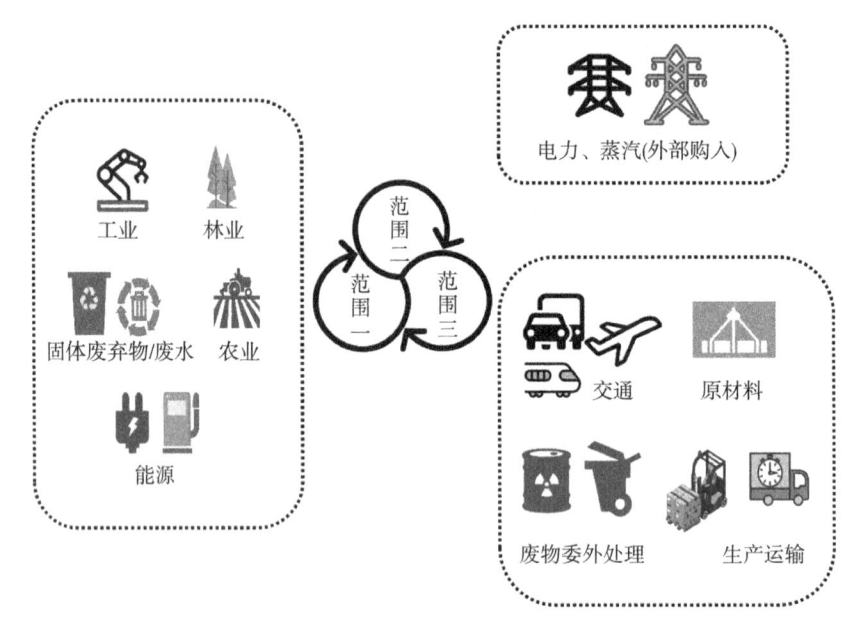

图 2.1 工业园区碳排放主要类型

的温室气体主要是 CO_2、CH_4 和 N_2O；工业过程和产品用途（IPPU）涵盖园区企业各种生产过程，涉及的温室气体组成复杂且不同园区间差异显著，同时此部分也需充分考虑非 CO_2 温室气体；废弃物处理产生的碳排放主要为 CO_2、CH_4 和 N_2O，其中垃圾填埋和废水处理产生的 CO_2 属生物成因，对大气的影响是中性的，因此不用核算。总体而言，各园区普遍产生的温室气体主要是 CO_2、CH_4 和 N_2O，这也是温室效应贡献最多的三种气体，当前阶段可以以这三种气体为减碳的主要抓手。但考虑到核算结果的完整性及碳排放交易市场的发展需求，工业园区，特别是存在诸如硝酸生产、电解铝、半导体制造等大量产生非 CO_2 温室气体行业的园区，还应将 IPPU 过程产生的各种非 CO_2 温室气体均纳入园区碳排放核算体系进行计算分析。

3.1.3 计算方法

根据以上分析，可简化提出工业园区碳排放的计算方法：

$$E_{碳} = E_{燃烧} + E_{工业过程} + E_{废弃物} + E_{电+热} - R_{固碳} \quad (2.3)$$

式中，$E_{碳}$——企业碳排放总量，单位为吨；

$E_{燃烧}$——企业所有净消耗化石燃料燃烧活动产生的碳排放量，单位为吨；

$E_{工业过程}$——企业工业生产过程产生的碳排放量，单位为吨；

$E_{废弃物}$——企业固体废弃物(主要是指生活垃圾)填埋处理产生的甲烷排放量,生活污水和工业废水处理产生的甲烷和氧化亚氮排放量,以及固体废弃物焚烧处理产生的碳排放量;

$E_{电和热}$——企业净购入电力和净购入热力产生的碳排放量,单位为吨;

$R_{固碳}$——企业固碳产品隐含的碳排放量,单位为吨.

1. 燃料燃烧排放

根据能源消费中主要排放二氧化碳的化石能源——煤炭、石油和天然气的消费量,并利用不同化石能源的低位热值、碳排放因子和碳氧化比率估算工业园区燃料燃烧产生的二氧化碳排放量。

(1) 计算公式

燃料燃烧活动产生的碳排放量是企业核算期内各种燃料燃烧产生的碳排放量的总和,按下述公式计算:

$$E_{燃烧} = \sum_{i=1}^{n} AD_i \times EF_i (i=1,2,3,\cdots,n) \quad (2.4)$$

式中,$E_{燃烧}$——燃烧净消耗化石燃料燃烧产生的碳排放量,单位为吨;

AD_i——第 i 种化石燃料的活动水平,单位为百万千焦(GJ);

EF_i——第 i 种化石燃料的碳排放因子,单位为吨二氧化碳/百万千焦(t CO_2/GJ).

$$AD_i = NCV_i \times FC_i (i=1,2,3,\cdots,n) \quad (2.5)$$

式中,NCV_i——第 i 种化石燃料的平均低位发热量,对固体或液体燃料,单位为百万千焦/吨(GJ/t);对气体燃料,单位为百万千焦/万立方米(GJ/万 m^3);

FC_i——第 i 种化石燃料的净消耗量,对固体或液体燃料,单位为吨(t);对气体燃料,单位为万立方米(万 m^3).

化石燃料的 CO_2 排放因子按下述计算:

$$EF_i = CC_i \times OF_i \times \frac{44}{12}(i=1,2,3,\cdots,n) \quad (2.6)$$

式中,CC_i——第 i 种化石燃料的单位热值含碳量,单位为吨碳/百万千焦(tC/GJ);

OF_i——第 i 种化石燃料的碳氧化率,单位为%,取值范围为 0~1.

(2) 活动水平数据获取

工业园区内工业企业各种化石燃料的净消耗量来源于工业园区统计局。

(3) 排放因子数据获取

燃料低位发热量来源于《中国能源统计年鉴(2020)》《工业其他行业企业温室气体排放核算方法与报告指南(试行)》；单位热值含碳量、碳氧化率来源于《省级温室气体清单编制指南(试行)》《工业其他行业企业温室气体排放核算方法与报告指南(试行)》。

2. 工业生产过程

工业生产过程是指工业生产中能源活动温室气体排放之外的其他化学反应过程或物理变化过程的 CO_2 排放。例如，石灰行业中石灰石分解产生的排放属于工业生产过程排放，而石灰窑燃料燃烧产生的排放不属于工业生产过程排放。

根据《省级温室气体清单编制指南(试行)》，工业生产过程温室气体清单范围包括：水泥生产过程二氧化碳排放，石灰生产过程二氧化碳排放，钢铁生产过程二氧化碳排放，电石生产过程二氧化碳排放，己二酸生产过程氧化亚氮排放，硝酸生产过程氧化亚氮排放，一氯二氟甲烷(HCFC-22)生产过程三氟甲烷(HFC-23)排放，铝生产过程全氟化碳排放，镁生产过程六氟化硫排放，电力设备生产过程六氟化硫排放，半导体生产过程氢氟烃、全氟化碳和六氟化硫排放，以及氢氟烃生产过程的氢氟烃排放。其他生产过程或其他温室气体暂不报告。

3. 电力、热力调入调出产生的排放

(1) 计算公式

净购入的生产用电力、热力隐含产生的碳排放量按下述公式计算。

$$\begin{cases} E_{电} = AD_{电} \times EF_{电} \\ E_{热} = AD_{热} \times EF_{热} \end{cases} \quad (2.7)$$

式中，$E_{电}$——净购入生产用电力隐含产生的碳排放量，单位为 t；

$AD_{电}$——净购入电量(购入-外销)，单位为兆瓦时(MWh)；

$AD_{热}$——净购入热力(购入-外销)，单位为 GJ；

$EF_{电}$——区域电网供电平均碳排放因子，单位为吨二氧化碳/兆瓦时($t\,CO_2/MWh$)；

$EF_{热}$——区域热力供应碳排放因子，单位为 $t\,CO_2/GJ$。

(2) 活动水平数据获取

工业园区电力、热力净购入量来源于工业园区统计局。

(3) 排放因子数据获取

区域电网供电平均排放因子按生态环境部最新公布的 0.581 0 tCO$_2$/MWh，热力供应的 CO$_2$ 排放因子暂按 0.11 t CO$_2$/GJ 计。

4. 废弃物处理

工业园区固体废弃物和生活污水及工业废水处理，可以排放 CO$_2$、CH$_4$、N$_2$O，这三种气体是温室气体的重要来源。废弃物处理温室气体排放清单包括固体废弃物（主要指生活垃圾）填埋处理产生的 CH$_4$ 排放量，生活污水和工业废水处理产生的 CH$_4$ 和 N$_2$O 排放量，以及固体废弃物焚烧处理产生的 CO$_2$ 排放量。

1) 填埋处理 CH$_4$ 排放

(1) 方法

质量平衡法，假设所有潜在的 CH$_4$ 均在处理当年就全部排放完：

$$E_{CH_4} = (MSW_T \times MSW_F \times L_0 - R) \times (1 - OX) \tag{2.8}$$

式中，E_{CH_4} ——CH$_4$ 排放量，单位为万吨/年；

MSW_T ——总的园区固体废弃物产生量，单位为万吨/年；

MSW_F ——园区内固体废弃物填埋处理率；

L_0 ——各管理类型垃圾填埋场的 CH$_4$ 产生潜力，单位为万吨 CH$_4$/万吨废弃物；

R ——CH$_4$ 回收量，单位为万吨/年；

OX ——氧化因子.

其中，

$$L_0 = MCF \times DOC \times DOC_F \times F \times \frac{16}{12} \tag{2.9}$$

式中，MCF ——各管理类型垃圾填埋场的 CH$_4$ 修正因子（比例）；

DOC ——可降解有机碳，单位为千克碳/千克废弃物；

DOC_F ——可分解的 DOC 比例；

F ——垃圾填埋气体中的 CH$_4$ 比例；

$\frac{16}{12}$ ——CH$_4$/C 分子量比值.

(2) 活动水平数据及其数据来源

固体废弃物处置 CH$_4$ 排放估算所需的活动水平数据包括：园区固体废弃物产生量、园区固体废弃物填埋量、园区固体废弃物物理成分。固体废弃物数据可从各省区市的住房和城乡建设厅等相关部门的统计数据中获得。

(3) 排放因子及其确定方法

估算固体废弃物填埋处理温室气体排放时需要的排放因子包括：

① CH_4 修正因子(MCF)

CH_4 修正因子主要反映不同区域垃圾处理方式和管理程度。垃圾处理可分为管理的和非管理的两类，其中非管理的又依据垃圾填埋深度分为深处理（>5米）和浅处理（<5米）。不同的管理状况，MCF的值不同。

管理的固体废弃物处置场一般要有废弃物的控制装置，这是指废弃物填埋到特定的处置区域，有一定程度的火灾控制或渗漏液控制等装置，且至少要包括下列部分内容：覆盖材料，机械压缩和废弃物分层处理。根据垃圾填埋场的管理程度比例（A、B、C），基于废弃物处理类型 MCF 的推荐值，利用公式：

$$MCF = A \times MCF_A + B \times MCF_B + C \times MCF_C \tag{2.10}$$

估算得出综合的 MCF 值。如果没有分类的数据，选择分类 D 的 MCF 值 0.4。详见表 2.2。

表 2.2 固体废弃物填埋场分类和 CH_4 修正因子

填埋场的类型	CH_4 修正因子(MCF)的缺省值
管理的：A	1.0
非管理的—深的(>5 m 废弃物)：B	0.8
非管理的—浅的(<5 m 废弃物)：C	0.4
未分类的：D	0.4

② 可降解有机碳(DOC)

可降解有机碳是指废弃物中容易受到生物化学分解的有机碳，单位为每千克废弃物（湿重）中含多少千克碳。DOC 的估算是以废弃物中的成分为基础，通过各类成分的可降解有机碳的比例平均权重计算得出。计算可降解有机碳的公式为：

$$DOC = \sum (DOC_i \times W_i)(i = 1, 2, 3, \cdots, n) \tag{2.11}$$

式中，DOC——废弃物中可降解有机碳；

DOC_i——废弃物类型 i 中可降解有机碳的比例；

W_i——第 i 类废弃物的比例，可以通过对省区市垃圾填埋场的垃圾成分调研或相应研究报告的收集获得详见表 2.3，本研究采用平均值 29%。

表 2.3 固体废弃物成分 DOC 含量比例的推荐值

固体废弃物成分	DOC 含量占湿废弃物的比例(%)	
	推荐值	范围
纸张/纸板	40	36~45
纺织品	24	20~40
食品垃圾	15	8~20
木材	43	39~46
庭园和公园废弃物	20	18~22
尿布	24	18~32
橡胶和皮革	(39)	(39)
塑料	—	—
金属	—	—
玻璃	—	—
其他惰性废弃物	—	—

③可分解的 DOC 的比例(DOC F)

可分解的 DOC 的比例(DOC F)表示从固体废弃物处置场分解和释放出来的碳的比例,表明某些有机废弃物在废弃物处置场中并不一定全部分解或是分解得很慢。本书采用 0.5(0.5~0.6 包括木质素碳)作为可分解的 DOC 比例。

④CH_4 在垃圾填埋气体中的比例(F)

垃圾填埋场产生的填埋气体主要是 CH_4 和 CO_2 等气体。CH_4 在垃圾填埋气体中的比例(体积比)一般取值范围在 0.4~0.6 之间,本书采用平均值 0.5。

⑤CH_4 回收量(R)

CH_4 回收量是指在固体废弃物处置场中产生的,并收集和燃烧或用于发电装置部分的 CH_4 量。

⑥氧化因子(OX)

氧化因子(OX)是指固体废弃物处置场排放的 CH_4 在土壤或其他覆盖废弃物的材料中发生氧化的 CH_4 量的比例。对于比较合格的管理型垃圾填埋场,其氧化因子取值为 0.1。

2)焚烧处理二氧化碳排放

焚烧的废弃物类型包括城市固体废弃物、危险废弃物、医疗废弃物和污水污泥,我国统计数据中危险废弃物包括了医疗废弃物。

(1)方法

废弃物焚化和露天燃烧产生的 CO_2 排放量的估算公式为:

$$E_{CO_2} = \sum_i \left(IW_i \times CCW_i \times FCF_i \times EF_i \times \frac{44}{12}\right)(i=1,2,3,\cdots,n) \quad (2.12)$$

式中，E_{CO_2}——废弃物焚烧处理的 CO_2 排放量，单位为万吨/年；

i——表示园区固体废弃物、危险废弃物、污泥；

IW_i——第 i 种类型废弃物的焚烧量，单位为万吨/年；

CCW_i——第 i 种类型废弃物中的碳含量比例；

FCF_i——第 i 种类型废弃物中矿物碳在碳总量中比例；

EF_i——第 i 种类型废弃物焚烧炉的燃烧效率；

$\frac{44}{12}$——碳转换成 CO_2 的转换系数.

(2) 活动水平数据及其来源

废弃物焚烧处理 CO_2 排放估算需要的活动水平数据包括各类型(固体废弃物、危险废弃物、污水污泥)废弃物焚烧量。

(3) 排放因子及其确定方法

废弃物焚烧处理的关键排放因子包括废弃物中的碳含量比例、矿物碳在碳总量中比例和焚烧炉的燃烧效率。焚烧的废弃物中的生物碳和矿物碳可以从废弃物成分分析资料中得到。

矿物碳在碳总量中的比例会因废弃物种类不同而有很大的差别。城市固体废弃物和医疗废弃物中的碳主要来源于生物碳和矿物碳；危险废弃物中的碳通常来自矿物碳；污水污泥中的矿物碳，通常可以省略(只有微量的清洁剂和其他化学物质)。高新区生活垃圾全部填埋处理，无焚烧，污水污泥焚烧碳排放可忽略不计，本研究仅需计算危险废弃物焚烧，CCW_i 取 1，FCF_i 取 90%，EF_i 取 97%。

3) 生活污水处理

(1) 方法

估算生活污水处理 CH_4 排放的估算公式为：

$$E_{CH_4} = (TOW \times EF) - R \quad (2.13)$$

式中，E_{CH_4}——清单年份的生活污水处理 CH_4 排放总量，单位为万吨-CH_4/年；

TOW——生活污水中有机物总量，单位为千克 BOD/年；

EF——排放因子，单位为千克 CH_4/千克 BOD；

R——CH_4 回收量，单位为千克 CH_4/年.

其中排放因子(EF)的估算公式为：

$$EF = B_0 \times MCF \tag{2.14}$$

式中，B_0——CH_4 最大产生能力；

MCF——CH_4 修正因子.

(2) 活动水平数据及其来源

使用下表中提供的各区域 BOD 与 COD 的相关关系进行转换。

表 2.4 各区域平均 BOD/COD 推荐值

	BOD/COD
全国	0.46
华北	0.45
东北	0.46
华东	0.43
华中	0.49
华南	0.47
西南	0.51
西北	0.41

(3) 排放因子及其确定方法

①CH_4 修正因子（MCF）

MCF 表示不同处理和排放的途径或系统达到的 CH_4 最大产生能力（B_0）的程度，也反映了系统的厌氧程度。本书采用全国平均值 0.165。

②CH_4 最大产生能力（B_0）

CH_4 最大产生能力，表示污水中有机物可产生最大的 CH_4 排放量，本书采用推荐值——生活污水为每千克 BOD 可产生 0.6 千克的 CH_4，工业废水为每千克 COD 产生 0.25 千克的 CH_4。

4）工业废水处理

(1) 方法

估算工业废水处理 CH_4 排放的估算公式为：

$$E_{CH_4} = \sum \left[(TOW_i - S_i) \times EF_i - R_i \right] (i=1,2,3,\cdots,n) \tag{2.15}$$

式中，E_{CH_4}——CH_4 排放量，单位为千克 CH_4/年；

i——不同的工业行业；

TOW_i——工业废水中可降解有机物的总量，单位为千克 COD/年；

S_i——以污泥方式清除掉的有机物总量，单位为千克 COD/年；

EF_i——排放因子,单位为千克 CH_4/千克 COD;

R_i——CH_4 回收量,单位为千克 CH_4/年.

(2) 活动水平数据及其来源

工业废水经处理后,一部分进入生活污水管道系统,其余部分不经城市下水管道直接进入江河湖海等环境系统。因此,为了不导致重复计算,将每个工业行业的可降解有机物即活动水平数据分为两部分,即处理系统去除的 COD 和直接排入环境的 COD,相关数据可从《中国环境统计年鉴》获得。

(3) 排放因子及其确定方法

废水处理时 CH_4 的排放能力因工业废水类型而异,不同类型的废水具有不同的 CH_4 排放因子,涉及 CH_4 最大产生能力和 CH_4 修正因子。下表给出了各行业工业废水的 MCF 推荐值。

表 2.5 各行业工业废水的 MCF 推荐值

行业	MCF 推荐值	MCF 范围
各行业直接排入海的工业废水	0.1	0.1
煤炭开采和洗选业	0.1	0~0.2
黑色金属矿采选业		
有色金属矿采选业		
非金属矿采选业		
其他采矿业		
非金属矿物制品业		
黑色金属冶炼及压延加工业		
有色金属冶炼及压延加工业		
金属制品厂		
通用设备制造业		
专用设备制造业		
交通运输设备制造业		
电器机械及器材制造业		
通信计算机及其他电子设备制造业		
仪器仪表及文化办公用机械制造业		
电力、热力的生产和供应业		
燃气生产和供应业		
木材加工及木竹藤棕草制品业		
家具制造业		
废弃资源和废旧材料回收加工业		

续表

行业	MCF 推荐值	MCF 范围
石油和天然气开采业	0.3	0.2～0.4
烟草制造业		
纺织服装、鞋、帽制造业		
印刷业和记录媒介的复制		
文教体育用品制造业		
石油加工、炼焦及核燃料加工业		
橡胶制品业		
塑料制品业		
工艺品及其他制造业		
水的生产和供应业		
纺织业		
皮革、毛皮、羽毛(绒)及其制造业		
其他行业		
饮料制造业	0.5	0.4～0.6
化学原料及化学制品制造业		
化学纤维制造业		
造纸及纸制品业		
医药制造业		
农副食品加工业	0.7	0.6～0.8
食品制造业(包括酒业生产)		

3.2 碳汇测算方法

从生态系统服务功能的视角来看,生态系统能够将大气中的 CO_2 固定成有机物,这一过程称为碳固定过程;固定的碳以有机物的形式储存或蓄积在生态系统中,这一蓄积或储存的过程称为碳蓄积过程。碳汇是指从大气中清除 CO_2 的过程、活动或机制。碳汇过程可以通过自然转化,将吸收的 CO_2 储存在植物内部等自然环境中;也可以通过人工从大气中捕集完成,将捕集的 CO_2 埋存在地下储层中。生态系统吸收和蓄积 CO_2 的碳汇功能是生态系统的天然属性,生态系统蓄积的碳用碳储量表示,指碳库中现存的碳总量;生态系统吸收 CO_2 的能力用碳汇量表示,指生态系统各碳库在一定时间内增加的碳储量。不同生态系统由于结构的差异、所处演替阶段的差异和所处环境的差异,碳汇能力也有巨大差异。碳汇与生态系统中的碳循环存在紧密的关系,根据碳循环所在的生态系统,许多学者对碳汇的类型进行了划分。例如,将陆地碳汇分为植被碳汇和土壤碳汇;将人工地质碳汇分为油藏储层碳汇、气藏储层碳汇、煤层储层碳汇和深层咸水层碳汇;将海洋碳汇分为沿海生态固碳和微生物固碳。

碳循环涉及大气、陆地和海洋三大碳库之间的碳流通。根据碳循环关联的生态系统与碳汇方式,本文对碳汇效应进行了3级分类。根据碳汇生态系统,将碳汇效应分为海洋碳汇和陆地碳汇两大类,其中海洋碳汇可以进一步分为沿海生态碳汇、海水生态碳汇和人工海洋碳汇3个亚类;陆地碳汇又可分为陆地植被碳汇、自然地质碳汇和人工地质碳汇3个亚类,并对不同亚类的碳汇具体类型进行了划分,可以更好地了解碳汇效应的过程和机制。

表 2.6　碳汇的分类及时间尺度

一级分类	二级分类	三级分类
海洋碳汇	沿海生态碳汇(10～103 a)	红树林、盐沼湿地和海草床等
	海水生态碳汇(10～103 a)	海洋溶解泵及微生物泵作用
	人工海洋碳汇(>103 a)	人工深海封存
陆地碳汇	陆地植被碳汇(1～102 a)	森林植被、草地植被和湿地植被等
	自然地质碳汇(103～106 a)	陆地土壤碳汇(生态系统中土壤部分) 陆地岩石风化碳汇(碳酸盐岩风化和硅酸盐岩风化等)
	人工地质碳汇(>103 a)	油藏封存、气藏封存、煤层封存和深层咸水层封存等

森林是陆地生态系统中的主体,在降低大气中 CO_2 的浓度方面具有显著作用,是目前最为直接有效的碳汇手段之一。目前,森林碳汇概念的界定主要有两个角度,一是生态学角度,认为森林碳汇的定义为森林植被通过植物的光合作用来有效吸收与固定大气中的 CO_2,从而降低大气中 CO_2 的含量及浓度;二是会计学角度,认为森林碳汇可以理解为 CO_2 的排放权即碳排放权,可以作为一种资产在市场上进行自由交易买卖。由于碳汇过程是一个非常复杂的过程,不同统计方法估算的陆地生态系统碳汇能力具有很大的差异。

(1) 基于净生态系统碳交换量确认的不同类型生态系统的碳汇能力

生态系统通过光合作用和碳循环发挥碳汇功能。可根据光合作用方程"$6nCO_2 + 6nH_2O \rightarrow nC_6H_{12}O_6 + 6nO_2 \rightarrow$ 多糖"计算生态系统植被固定的 CO_2 的量。植物体每固定 1 克 C,可吸收 3.67 克 CO_2。对于生态系统碳汇而言,由于植被层和土壤层是不可分割的整体,生态系统碳吸收能力包括植被的碳吸收和土壤呼吸的碳吸收。净生态系统生产力不仅考虑了植被的碳吸收,还考虑了土壤呼吸的碳吸收。因而,净生态系统生产力反映了生态系统的碳汇,生态系统碳汇估算如下：

$$NC = NEE \times 3.67 \times 10 \tag{2.16}$$

其中，NC 为净生态系统 CO_2 固定量[千克/(公顷·天)]，NEE 为净生态系统碳交换量[克碳/(平方米·天)]。NEE 数据由中国生态系统通量观测网(ChinaFLUX)测定，时间尺度为日。经过测算，森林生态系统碳汇能力较强，其中，长白山温带森林全年平均日碳汇量为 28.78[千克/(公顷·天)]、全年累积碳汇量为 10 504.65 千克/公顷；千烟洲人工林全年平均日碳汇量为 52.28[千克/(公顷·天)]、全年累积碳汇量为 19 082.20 千克/公顷；鼎湖山常绿阔叶林全年平均日碳汇量为 37.13[千克/(公顷·天)]、全年累积碳汇量为 13 552.50 千克/公顷。草地生态系统碳汇潜力相对较低，海北高寒草甸碳汇全年平均日碳汇量为 2.61[千克/(公顷·天)]、全年累积碳汇量为 952.65 千克/公顷。当前，我国人均碳排放量为 7.1 吨 CO_2/年，若用生态碳汇来中和碳排放，人均需要 0.67 公顷长白山温带森林或 0.37 公顷千烟洲人工林或 0.52 公顷鼎湖山常绿阔叶林，显然，有限的生态系统碳汇面对碳中和的巨大需求，面临着巨大挑战。

(2) 基于 IPCC 温室气体清单编制方法学的生态系统碳汇能力

我国的生态系统类型包括林地、草地、湿地，这些生态系统是天然的碳库和碳汇，是生态系统碳汇的主要来源。为弄清我国林草碳汇潜力，国家启动全国林业碳汇计量监测体系建设。2014—2016 年，我国完成第一次林业碳汇计量监测；2017—2019 年，我国完成第二次林业碳汇计量监测；2020 年，我国成立全国碳汇计量分析组。全国碳汇计量分析组按照 IPCC 关于温室气体清单编制方法学的要求，以第二次全国林业碳汇计量监测结果为基础，计算了 2016 年各类林地、草地、湿地和木质林产品的碳储量和碳汇量，结果表明，林地碳汇量为 7.92 亿吨 CO_2/年，草地碳汇量为 1.00 亿吨 CO_2/年，湿地碳汇量为 0.39 亿吨 CO_2/年，林地、草地和湿地生态系统合计提供碳汇 9.31 亿吨 CO_2/年。

(3) 基于综合研究确认的生态系统碳汇能力

生态系统碳汇确切的定义指陆地和海洋生态系统通过光合作用和碳循环过程将大气中的 CO_2 固定下来的过程，但由于不同的学者所选择的生态系统碳汇范围不同，采用的方法不同，生态系统碳汇能力的估算结果具有很大的差异。

陆地生态系统固碳被认为是最经济可行和环境友好的减缓大气 CO_2 浓度升高的重要途径之一。方精云评述了碳中和的实现途径及生态系统碳汇的重要性，研究显示我国陆地生态系统净生产力(NEP)约为 7.71 亿吨 CO_2/年，2021—

2060年,陆地生态系统的碳汇潜力为10.89亿~13.21亿吨CO_2/年,其中生态建设增汇1.98亿~2.50亿吨CO_2/年。需要指出的是,在该估算中,作者将海洋作为全人类的公共资源,将我国应享有的海洋碳汇按海洋碳汇配额获取,据此估算我国可获得4.67亿吨CO_2/年的海洋碳汇配额。当碳中和目标实现后,我国化石燃料排放的CO_2量应为15.56亿~17.88亿吨CO_2/年。于贵瑞等将生态系统碳汇能力分解为目前已确认的陆地和海洋有机碳汇与目前还未被确认的陆地和海洋有机碳汇,估算结果表明,现有已确认的陆地有机碳汇为10亿~15亿吨CO_2/年,目前还未被确认的陆地和海洋有机碳汇功能约为3.46亿吨CO_2/年。其中,城市绿地碳汇约为0.29亿吨CO_2/年,海岸带生态系统蓝色碳汇为0.7亿~0.9亿吨CO_2/年,近海海域海洋碳汇量为2.2亿~2.4亿吨CO_2/年。2010—2020年,我国陆地和海洋实际有机碳汇能力为15亿~16亿吨CO_2/年。此外,大量研究还表明,我国的荒漠盐碱地、喀斯特岩溶区、黄土高原、滨海海岸带、近海海洋等有1.6亿~1.9亿吨CO_2/年的无机碳汇能力。

3.3 碳达峰预测方法

目前国内外学者预测中国碳排放峰值的主流方法有EKC曲线、IPAT模型、STIRPAT模型、LMDI分解法、LEAP模型、灰色预测法和神经网络模型等。用于碳排放预测的模型包括一些经典的预测模型,如灰色预测模型、Logistic回归预测模型等等。灰色预测模型的特点是计算简单,检验方便,它还适合于中期和短期的预测,可以应用于更广泛研究需要。迄今为止,关于灰色预测的研究已有多种方法,其中使用最为广泛的是GM(1.1)模型,该模型能够对单变量进行长周期预测,在处理小样本问题时有很好的应用前景。Logistic回归是一种广义的线性回归分析模型,因为它所分析的定量关系具有特殊的回归函数形式,一般表现为S型,因此被广泛地用于数据挖掘、风险预警、医学数据分析、经济状况分析等诸多领域。这两种方法在2020年以前有研究使用,近年来这两种预测方法使用较少,有代表性的包括吴振信等结合STIRPAT模型和GM(1.1)模型对北京能源消费碳排放的趋势进行预测及杜强等使用Logistic模型预测中国各省份碳排放。除此之外还有系统动力学、BP神经网络、支持向量机等机器学习方法用来预测碳排放。

在对碳排放进行预测时,大多数研究是采用情景分析法。情景分析法(Scenario Analysis)就是对经济、行业技术等因素的重要变化做一系列重要的假定,对未来进行严格、详尽推理和描述,从而对未来的各种可能性进行预测,情景分析法目前在各个领域的战略计划研究和制定中得到了广泛的应用。碳排放是一个复杂的系统,常呈现出非线性模型特征,用一个模型很难精准预测。许多学者尝试构建能够有效解决该问题的混合模型,而在这些混合模型中,组合预测是最常用的一种方法。组合预测模型是利用两个或多个不同的预测模型来预测被研究对象。运用组合预测模型进行预测时,需将多种单一预测模型进行集成,实现各模型间的优势互补,以达到更高的准确度。赵成柏等将 ARIMA 模型和 BP 神经网络模型结合起来,预测我国碳排放强度在 2020 年为 9.14 吨/万元。

除以上预测方法外,一些机构也在不断开发大型集成模型用于碳排放预测,自下而上的模型属于常见类型。LEAP(Long-range Energy Alternatives Planning System)模型是 20 世纪 80 年代由瑞典斯德哥尔摩环境协会 SEI 与美国波士顿大学共同开发,用于预测各部门长期能源需求、消费及环境影响的终端能源消费模型。LEAP 为"自下而上"的模拟模型,通过数学建模来模拟各情景,在输入一些终端用能设备的活动水平、能源强度、污染物排放因子等数据并结合一些基本参数后,可对不同情境下任意部门的能源需求、能源消费、能源政策、能源成本、能源环境以及温室气体排放量等进行长期的计算、评估与预测。LEAP 模型的使用范围较为广泛,不仅可以对各个产业部门的能源消费及碳排放趋势进行预测研究,也可对一个城市或一个省级乃至全球的能源环境进行分析、预测与评估。目前,已有超过 150 个国家的机构组织采用了 LEAP 模型进行相关研究计算,并有超过 85 个国家选择该平台作为其向联合国气候变化框架公约(UNFCCC)报告温室气体排放情景分析和减缓气候变化政策分析时应用的模型。Prasad 等利用 LEAP 模型探讨了若干清洁战略对于目前完全依赖石油燃料的斐济公路运输部门燃料消耗的影响。Cantarero 等利用 LEAP 模型模拟了尼加拉瓜能源系统并预测到了到 2030 年国家行动计划的结果,研究表明,仅仅专注于电力部门的工作可能会改变部分初级能源结构,但到 2030 年温室气体排放总量不会减少。在我国,LEAP 模型也在能源需求预测、能源环境影响等各个方面得到了广泛应用,涵盖了包括电力行业、居民生活、交通运输、建筑行业、工业和商业等各个领域。在温室气体及污染物排放方面,李新等利用 LEAP 模型分析了京津冀地区钢铁行业各类治污工具的中长期减排影响,研究结果表明,京津冀地区钢铁行业需要在大力淘汰落后过剩产能、缩减产量等源头治理措施的基础上,持续加强末端治理、提高废钢比例、提升节能减排技术水平等协同治理能力,以提高治污减排效果。翟羽佳利用 LEAP 模型对大同市 2015—2030 年的环境污染物排放量进行预测,并检验能否达到大同生态市建设指标体系及拟定阶段的规划目标。LEAP 模型假定各部门的能源消费可以由活动水平和能源强度表示,各部门的 CO_2 排放量根据其能源消费量、能源结构、能源的排放因子计算得到：

$$\begin{cases} E = A_{LO} \times I_E \\ C = \sum E_i \times F_{E,i} (i=1,2,3,\cdots,n) \end{cases} \tag{2.17}$$

式中，E 为能源消费量；IE 为能源强度；E_i 为第 i 种能源的消费量；$F_{E,i}$ 即为第 i 种能源的 CO_2 排放因子；A_{LO} 为活动水平，可以用物理指标（如产品产量）衡量，也可以用经济指标（如工业增加值）来衡量。能源强度为单位活动或产出所需的能源消费量，例如单位 GDP 能耗、吨钢生产综合能耗、汽车的百公里行驶油耗等，均可在一定程度上反映能源利用的效率。由于不同能源品种的 CO_2 排放因子差异较大，能源消费量需根据能源消费结构进一步细化。

对于国家整体层面，洪竞科等人通过结合自上而下模型和自下而上模型，构建了 RICE-LEAP 模型，并通过设置情景，动态模拟 2020—2050 年的中国碳达峰路径及全球气候变化趋势，研究结果表明中国最早将在 2029 年实现碳达峰。渠慎宁等通过结合 STIRPAT 模型和情景分析法预测了我国碳排放情况，最终发现我国能在 2020—2045 年之间实现碳排放到达峰值。岳超等通过对我国碳排放量的预测，研究发现我国最可能在 2035 年迎来碳排放峰值。对于省级层面，朱宇恩等人采用 IPAT 模型，对山西省中长期能源碳排放量以及峰值年进行了预测，结果显示年 GDP 增速和年节能率对山西省中长期碳排放影响更为显著，是 2030 年达到碳排放峰值的关键控制指标，有效提升这两个因素增长速度，可以使得山西省在 2030 年前达到碳排放峰值。孙钰等人估算不同情景下天津市 2010—2050 年的碳排放量，结果显示按低模式发展，天津市将在 2020—2035 年间达到碳排放的高峰。赵荣钦等首先对河南省各年度的碳收支及碳足迹进行了汇总，并运用 STIRPAT 模型及情景分析方法对其进行了预测。刘晴川拓展重庆市 STIRPAT 碳排放模型，模拟重庆市 2013—2050 年在 9 种情景下的碳排放，比较各种情景下重庆市碳排放峰值的发生时间和强度，其中，基准情景下将在 2035 年迎来碳达峰，为实现我国城市减排目标提供科学依据。

总体来说，国内碳排放预测研究主要采用 LEAP 模型及拓展的 STIRPAT 模型，并结合情景分析法，对国家以及各地区的未来碳排放情况进行了涵盖多因素、多情景的综合预测。

3.4 二氧化碳排放影响因素研究

国外专家学者较早开展碳排放影响因素的相关研究，并取得了相当丰富的研究成果。20 世纪 70 年代，埃利奇（Paul Ehrlich）和霍尔登（J. P. Holdren）提出了 IPAT 模型,认为影响环境的三个直接因素是人口、人均财富量和技术。关于碳排放的驱动因素研究,日本学者茅阳一(Kaya Yoyichi)提出了 Kaya 恒等式,提出了能源碳强度、单位 GDP 的能源强度、人均 GDP 以及人口规模是影响碳排放的主要因素。在此研究基础上,学者 Dietz 等人进一步完善了 IPAT 方程,通过将指数引入其中,构建了 IPAT 方程的随机形式——STIRPAT 模型,该模型突破了 IPAT 方程在分析人文因素对自然环境影响时影响因素同比例线性变化的局限性。学者们开展碳排放影响因素研究的一系列研究方法和研究模型在该研究领域中广泛流传、应用,为后续研究的开展奠定了坚实的基础。

二十一世纪以来,全球气候问题日益突出,学者们更加关注碳排放相关问题,其中,经济发展直接导致碳排放的增加。郭朝先运用 LMDI 分解方法分别从产业层面和区域层面对中国的碳排放进行了分解研究,认为经济扩张是碳排放高速增长最主要的因素。李佛关通过 LMDI 分析法对中国碳排放的驱动因素进行分解分析,认为经济增长是中国 CO_2 排放增长的主导性因素,但应从能源结构优化和技术进步方面促进碳减排。Liu 等基于 LMDI 分解方法对中国工业部门中 36 个行业 CO_2 排放量的影响因素进行了分解分析,认为中国工业部门的碳排放变化主要由工业经济产出推动。李雪梅等基于 LMDI 分解方法将天津市 32 个工业行业碳排放分解为 6 个因素效应,并建立多因素回归模型研究各项因素对高碳排放行业碳排放的影响,结果表明工业发展是主要增碳因素。

随着经济发展,产业结构也在变动,从而引起碳排放的改变。Chen 和 Gu 研究发现产业结构优化有助于加速碳减排进程。郭朝先研究发现虽然产业结构不是导致碳排放增加的最主要影响因素,但产业结构变动对碳排放的影响效果也较为显著。鲁万波等认为产业结构是导致二氧化碳排放增加的第二大影响因素。周亚军和吉萍研究发现产业结构升级与金融资源配置效率相互配合,更有利于促进碳排放减少。

能源强度和能源结构对碳排放有一定的影响。Wang 等人采用 LMDI 方法开展碳排放影响因素研究,结果显示能源强度是影响碳排放量的最主要因素,能源结构对碳排放也存在一定影响。顾阿伦和吕志强采用 IO-SDA(Input-Output Structural Decomposition Analysis)方法将碳排放的变化量分解,认为我国能源消耗导致的碳排放增加主要是因为最终需求效应与 Leontief 逆矩阵效应,能源强度效应是促进碳排放减少的主要因素。伯强和刘希颖利用协整方法分析城市化进程中碳排放量与各变量之间的长期均衡关系,分析结果表明,能源强度是影响碳排放的主要因素。Fatima 等基于 LMDI 分解方法将 1991—2016 年中国工业 CO_2 排放量变化进行分解分析,认为能源结构效应在增加 CO_2 排放方面发挥了作用。

在人口因素对碳排放的影响探究中,具体影响结果大致分为两种观点,第一种观点是人口数量增加将导致碳排放增加,科纳普(T. Knapp)和慕克吉(R. Mookerjee)研究了1880—1989年全球人口增长和碳排放的因果关系,研究结果发现人口增加将促进二氧化碳排放;国内学者朱勤等、李国志和周明认为人口规模扩大是碳排放量上升的原因之一。另一种观点是人口增加有助于碳排放减缓,Cramer认为人口规模增大会导致环境压力上升,人们为解决环境压力,将促进技术进步,从而有助于碳排放下降。York在衡量人口对碳排放的影响时,提出不能只用单一指标人口数量来表示,需加入生育率、死亡率和移民的年龄结构变化等指标加以解释。Michael将研究重点放在人口年龄结构上,研究发现人口老龄化程度增加有助于减少长期碳排放。张腾飞和杨俊等从人力资本积累的角度出发,研究发现人力资本积累将促进碳排放减少,并有利于碳减排进程加速。

与人口紧密相关的一个因素是城镇化,关于城镇化对碳排放的影响研究成果,大致存在两种观点。第一种观点认为城镇化进程加速会使碳排放量上升。宋德勇和徐安研究了1995—2008年中国城镇碳排放,研究发现加速推进城镇化进程是导致城镇碳排放快速增长的主要原因。关海玲等通过协整检验和Granger因果关系检验了我国1980—2010年间城镇化水平与碳排放之间的关系,研究发现城镇化水平增加会使碳排放量增加。第二种观点则认为城镇化水平提升有利于降低碳排放,张腾飞等认为城镇化率提高使得大量企业和创新型人才集聚,促进节能减排技术的研发与创新,从而降低碳排放。卢祖丹将我国分为东、中、西地区,并研究其城镇化对碳排放的影响,研究发现城镇化都有利于减缓碳排放增加,效果最明显的区域为中西部。He研究发现随着我国城市化程度的增加,碳排放也在随之下降。

技术水平也是影响碳排放的主要因素之一。大部分研究显示技术进步可以减少碳排放。魏巍贤和杨芳从自主研发和技术引进的角度,研究发现技术进步有利于我国碳排放减少且效果显著。杨莉莎等研究结果也显示,在我国现阶段,技术进步是二氧化碳减少的主要影响因素。为更深入地研究我国技术水平与碳排放的关系,学者们分区域、分时间阶段进行研究。分区域来看,技术进步对碳排放的影响具有区域差异化,其中在我国东、中部地区技术进步对二氧化碳排放减少的效果更为显著。分时间阶段来看,技术进步也存在使碳排放减少的作用,张兵兵等研究结果显示技术进步与我国二氧化碳排放呈现U型关系,即随着时间推移,技术进步对二氧化碳排放的影响由负向转为正向。

除了以上碳排放影响因素外,学者们还探讨了其他影响因素对碳排放的影响,王喜等认为碳排放强度是影响我国碳排放变化的主要因素之一;Lin 等利用 STIRPAT 模型研究发现能源结构和能源强度是二氧化碳排放的两个主要驱动力;王少剑等基于 STIRPAT 模型,引入对外开放程度来探究城市碳排放的影响因素;陈占明和吴施美等认为气候条件差异也影响着城市碳排放量;刘玉珂和金声甜从省际层面研究发现能源强度是引起我国中部六省碳排放减少的主导因素。因此,影响碳排放的因素有很多种,这些因素之间相互作用,共同影响着碳排放。

第 3 章

长三角生态工业园区应对气候变化主要政策

2021年9月22日,《中共中央国务院关于完整准确全面贯彻新发展理念做好碳达峰碳中和工作的意见》发布。2021年10月24日,国务院印发《2030年前碳达峰行动方案》(国发〔2021〕23号)。两个文件作为碳达峰、碳中和的顶层设计,对"双碳"工作进行系统谋划和总体部署,各相关部门制定了分领域分行业实施方案和支撑保障方案,各省(市)、园区制定了本区域"双碳"实施方案。系列文件构成目标明确、分工合理、措施有力、衔接有序的减污降碳政策体系,形成各方面共同推进的良好格局。

1 国家应对气候变化主要政策

1.1 《中共中央 国务院关于完整准确全面贯彻新发展理念做好碳达峰碳中和工作的意见》(2021年9月22日)

实现碳达峰、碳中和,是以习近平同志为核心的党中央统筹国内国际两个大局作出的重大战略决策,是着力解决资源环境约束突出问题、实现中华民族永续发展的必然选择,是构建人类命运共同体的庄严承诺。

以习近平新时代中国特色社会主义思想为指导,全面贯彻党的十九大和十九届二中、三中、四中、五中全会精神,深入贯彻习近平生态文明思想,立足新发展阶段,贯彻新发展理念,构建新发展格局,坚持系统观念,处理好发展和减排、整体和局部、短期和中长期的关系,把碳达峰、碳中和纳入经济社会发展全局,以经济社会发展全面绿色转型为引领,以能源绿色低碳发展为关键,加快形成节约资源和保护环境的产业结构、生产方式、生活方式、空间格局,坚定不移走生态优先、绿色低碳的高质量发展道路,确保如期实现碳达峰、碳中和。

意见指出,实现碳达峰、碳中和目标,要坚持"全国统筹、节约优先、双轮驱动、内外畅通、防范风险"原则,明确到2025年,绿色低碳循环发展的经济体系初步形成,重点行业能源利用效率大幅提升。单位国内生产总值能耗比2020年下降13.5%;单位国内生产总值二氧化碳排放比2020年下降18%;非化石能源消费比重达到20%左右;森林覆盖率达到24.1%,森林蓄积量达到180亿立方米,为实现碳达峰、碳中和奠定坚实基础。到2030年,经济社会发展全面绿色转型取得显著成效,重点耗能行业能源利用效率达到国际先进水平。单位国内生产总值能耗大幅下降;单位国内生产总值二氧化碳排放比2005年下降65%以上;非化石能源消费比重达到25%左右,风电、太阳能发电总装机容量达到12亿千瓦以上;森林覆盖率达到25%左右,森林蓄积量达到190亿立方米,二氧化碳排放量达到峰值并实现稳中有降。到2060年,绿色低碳循环发展的经济体系和清洁低碳安全高效的能源体系全面建立,能源利用效率达到国际先进水平,非化石能源消费比重达到80%以上,碳中和目标顺利实现,生态文明建设取得丰硕成果,开创人与自然和谐共生新境界。

围绕主要目标,意见提出多方面重点举措,包括推进经济社会发展全面绿色转型、深度调整产业结构、加快构建清洁低碳安全高效能源体系、加快推进低碳交通运输体系建设、提升城乡建设绿色低碳发展质量、加强绿色低碳重大科技攻关和推广应用、持续巩固提升碳汇能力、提高对外开放绿色低碳发展水平、健全法律法规标准和统计监测体系、完善政策机制、切实加强组织实施。

1.2 《国务院关于印发 2030 年前碳达峰行动方案的通知》(国发〔2021〕23 号)

方案进一步细化主要目标,要求"十四五"期间,产业结构和能源结构调整优化取得明显进展,重点行业能源利用效率大幅提升,煤炭消费增长得到严格控制,新型电力系统加快构建,绿色低碳技术研发和推广应用取得新进展,绿色生产生活方式得到普遍推行,有利于绿色低碳循环发展的政策体系进一步完善。到 2025 年,非化石能源消费比重达到 20% 左右,单位国内生产总值能源消耗比 2020 年下降 13.5%,单位国内生产总值二氧化碳排放比 2020 年下降 18%,为实现碳达峰奠定坚实基础。

"十五五"期间,产业结构调整取得重大进展,清洁低碳安全高效的能源体系初步建立,重点领域低碳发展模式基本形成,重点耗能行业能源利用效率达到国际先进水平,非化石能源消费比重进一步提高,煤炭消费逐步减少,绿色低碳技术取得关键突破,绿色生活方式成为公众自觉选择,绿色低碳循环发展政策体系基本健全。到 2030 年,非化石能源消费比重达到 25% 左右,单位国内生产总值二氧化碳排放比 2005 年下降 65% 以上,顺利实现 2030 年前碳达峰目标。

将碳达峰贯穿于经济社会发展全过程和各方面,重点实施能源绿色低碳转型行动、节能降碳增效行动、工业领域碳达峰行动、城乡建设碳达峰行动、交通运输绿色低碳行动、循环经济助力降碳行动、绿色低碳科技创新行动、碳汇能力巩固提升行动、绿色低碳全民行动、各地区梯次有序碳达峰行动等"碳达峰十大行动"。

1.3 《国务院关于加快建立健全绿色低碳循环发展经济体系的指导意见》(国发〔2021〕4 号)

建立健全绿色低碳循环发展经济体系,促进经济社会发展全面绿色转型,是解决我国资源环境生态问题的基础之策。为贯彻落实党的十九大部署,加快建立健全绿色低碳循环发展的经济体系,国务院提出如下意见。

意见要求,坚持重点突破、坚持创新引领、坚持稳中求进、坚持市场导向,到2025年,产业结构、能源结构、运输结构明显优化,绿色产业比重显著提升,基础设施绿色化水平不断提高,清洁生产水平持续提高,生产生活方式绿色转型成效显著,能源资源配置更加合理、利用效率大幅提高,主要污染物排放总量持续减少,碳排放强度明显降低,生态环境持续改善,市场导向的绿色技术创新体系更加完善,法律法规政策体系更加有效,绿色低碳循环发展的生产体系、流通体系、消费体系初步形成。到2035年,绿色发展内生动力显著增强,绿色产业规模迈上新台阶,重点行业、重点产品能源资源利用效率达到国际先进水平,广泛形成绿色生产生活方式,碳排放达峰后稳中有降,生态环境根本好转,美丽中国建设目标基本实现。

具体措施包括:健全绿色低碳循环发展的生产体系、流通体系、消费体系,加快基础设施绿色升级,构建市场导向的绿色技术创新体系,完善法律法规政策体系,认真抓好组织实施。

1.4 《国务院关于印发"十四五"节能减排综合工作方案的通知》(国发〔2021〕33号)

方案指出,以习近平新时代中国特色社会主义思想为指导,全面贯彻党的十九大和十九届历次全会精神,深入贯彻习近平生态文明思想,坚持稳中求进工作总基调,立足新发展阶段,完整、准确、全面贯彻新发展理念,构建新发展格局,推动高质量发展,完善实施能源消费强度和总量双控、主要污染物排放总量控制制度,组织实施节能减排重点工程,进一步健全节能减排政策机制,推动能源利用效率大幅提高、主要污染物排放总量持续减少,实现节能降碳减污协同增效、生态环境质量持续改善,确保完成"十四五"节能减排目标,为实现碳达峰、碳中和目标奠定坚实基础。

方案明确,到2025年,全国单位国内生产总值能源消耗比2020年下降13.5%,能源消费总量得到合理控制,化学需氧量、氨氮、氮氧化物、挥发性有机物排放总量比2020年分别下降8%、8%、10%以上、10%以上。节能减排政策机制更加健全,重点行业能源利用效率和主要污染物排放控制水平基本达到国际先进水平,经济社会发展绿色转型取得显著成效。

方案部署了十大重点工程,包括重点行业绿色升级工程、园区节能环保提升工程、城镇绿色节能改造工程、交通物流节能减排工程、农业农村节能减排工程、公共机构能效提升工程、重点区域污染物减排工程、煤炭清洁高效利用工程、挥发性有机物综合整治工程、环境基础设施水平提升工程,明确了具体目标任务。

方案从八个方面健全政策机制。一是优化完善能耗双控制度。二是健全污染物排放总量控制制度。三是坚决遏制高耗能高排放项目盲目发展。四是健全法规标准。五是完善经济政策。六是完善市场化机制。七是加强统计监测能力建设。八是壮大节能减排人才队伍。

方案要求，加强组织领导，各地区、各部门和各有关单位要充分认识节能减排工作的重要性和紧迫性，把思想和行动统一到党中央、国务院关于节能减排的决策部署上来，坚持系统观念，明确目标责任，狠抓工作落实。要强化监督考核，开展"十四五"省级人民政府节能减排目标责任评价考核，科学运用考核结果。要完善能耗双控考核措施，统筹目标完成进展、经济形势及跨周期因素，优化考核频次。继续开展污染防治攻坚战成效考核。完善中央生态环境保护督察制度。要开展全民行动，深入开展绿色生活创建行动，增强全民节约意识，倡导简约适度、绿色低碳、文明健康的生活方式，坚决抵制和反对各种形式的奢侈浪费，营造绿色低碳社会风尚。组织开展节能减排主题宣传活动，加大先进节能减排技术研发和推广力度，支持节能减排公益事业，引导市场主体、社会公众自觉履行节能减排责任。

1.5 《国家发展改革委等部门关于严格能效约束推动重点领域节能降碳的若干意见》(发改产业〔2021〕1464号)

实现碳达峰、碳中和，是以习近平同志为核心的党中央统筹国内国际两个大局，着眼建设制造强国、推动高质量发展作出的重大战略决策。为推动重点工业领域节能降碳和绿色转型，坚决遏制全国"两高"项目盲目发展，确保如期实现碳达峰目标，提出如下意见。

方案明确坚持重点突破、分步实施；坚持从高定标、分类指导；坚持对标改造、从严监管；坚持综合施策、平稳有序。到2025年，通过实施节能降碳行动，钢铁、电解铝、水泥、平板玻璃、炼油、乙烯、合成氨、电石等重点行业和数据中心达到标杆水平的产能比例超过30%，行业整体能效水平明显提升，碳排放强度明显下降，绿色低碳发展能力显著增强。到2030年，重点行业能效基准水平和标杆水平进一步提高，达到标杆水平企业比例大幅提升，行业整体能效水平和碳排放强度达到国际先进水平，为如期实现碳达峰目标提供有力支撑。

方案明确了七大重点任务，包括突出抓好重点行业、科学确定能效水平、严格实施分类管理、稳妥推进改造升级、加强技术攻关应用、强化支撑体系建设、加强数据中心绿色高质量发展。从完善技改支持政策、加大监督管理力度、更好发挥政策合力、加强政策宣传解读四个方面完善保障措施。

1.6 《中共中央 国务院关于深入打好污染防治攻坚战的意见》(2021年11月2日)

意见要求,加快推动绿色低碳发展。深入推动碳达峰行动;聚焦国家重大战略打造绿色发展高地;推动能源清洁低碳转型;坚决遏制高能耗、高排放项目盲目发展;推进清洁生产和能源资源节约高效利用;加强生态环境分区管控;加快形成绿色低碳生活方式。

到2025年,单位国内生产总值二氧化碳排放比2020年下降18%。到2035年,广泛形成绿色生产生活方式,碳排放达峰后稳中有降。

1.7 《关于统筹和加强应对气候变化与生态环境保护相关工作的指导意见》(环综合〔2021〕4号)

为坚决贯彻落实习近平总书记重大宣示,坚定不移实施积极应对气候变化国家战略,更好履行应对气候变化牵头部门职责,加快补齐认知水平、政策工具、手段措施、基础能力等方面短板,促进应对气候变化与环境治理、生态保护修复等协同增效,生态环境部就统筹和加强应对气候变化与生态环境保护相关工作提出如下意见,明确了统筹和加强应对气候变化与生态环境保护的主要领域和重点任务,推进生态环境治理体系和治理能力稳步提升,为实现二氧化碳排放达峰目标与碳中和愿景提供支撑,助力美丽中国建设。

意见遵循系统谋划、整体推进、重点突破的思路,部署五方面重点任务,要求注重系统谋划,推动战略规划统筹融合;突出协同增效,推动政策法规统筹融合;打牢基础支撑,推动制度体系统筹融合;强化创新引领,推动试点示范统筹融合;担当大国责任,推动国际合作统筹融合,着力推进统一政策规划标准制定、统一监测评估、统一监督执法、统一督察问责。

1.8 《工业和信息化部 国家发展改革委 生态环境部关于印发工业领域碳达峰实施方案的通知》(工信部联节〔2022〕88号)

为深入贯彻落实党中央、国务院关于碳达峰碳中和决策部署,加快推进工业绿色低碳转型,切实做好工业领域碳达峰工作,根据《中共中央 国务院关于完整准确全面贯彻新发展理念做好碳达峰碳中和工作的意见》和《2030年前碳达峰行动方案》,结合相关规划,制定本实施方案。

意见明确,"十四五"期间,产业结构与用能结构优化取得积极进展,能源资源利用效率大幅提升,建成一批绿色工厂和绿色工业园区,研发、示范、推广一批减排效果显著的低碳零碳负碳技术工艺装备产品,筑牢工业领域碳达峰基础。到2025年,规模以上工业单位增加值能耗较2020年下降13.5%,单位工业增加值二氧化碳排放下降幅度大于全社会下降幅度,重点行业二氧化碳排放强度明显下降。"十五五"期间,产业结构布局进一步优化,工业能耗强度、二氧化碳排放强度持续下降,努力达峰削峰,在实现工业领域碳达峰的基础上强化碳中和能力,基本建立以高效、绿色、循环、低碳为重要特征的现代工业体系,确保工业领域二氧化碳排放在2030年前达峰。

意见要求,积极推行绿色制造。完善绿色制造体系,深入推进清洁生产,打造绿色低碳工厂、绿色低碳工业园区、绿色低碳供应链,通过典型示范带动生产模式绿色转型。① 建设绿色低碳工厂。培育绿色工厂,开展绿色制造技术创新及集成应用。实施绿色工厂动态化管理,强化对第三方评价机构监督管理,完善绿色制造公共服务平台。鼓励绿色工厂编制绿色低碳年度发展报告。引导绿色工厂进一步提标改造,对标国际先进水平,建设一批"超级能效"和"零碳"工厂。② 构建绿色低碳供应链。支持汽车、机械、电子、纺织、通信等行业龙头企业,在供应链整合、创新低碳管理等关键领域发挥引领作用,将绿色低碳理念贯穿于产品设计、原料采购、生产、运输、储存、使用、回收处理的全过程,加快推进构建统一的绿色产品认证与标识体系,推动供应链全链条绿色低碳发展。③ 打造绿色低碳工业园区。通过"横向耦合、纵向延伸",构建园区内绿色低碳产业链条,促进园区内企业采用能源资源综合利用生产模式,推进工业余压余热、废水废气废液资源化利用,实施园区"绿电倍增"工程。到2025年,通过已创建的绿色工业园区实践形成一批可复制、可推广的碳达峰优秀典型经验和案例。④ 促进中小企业绿色低碳发展。优化中小企业资源配置和生产模式,探索开展绿色低碳发展评价,引导中小企业提升碳减排能力。⑤ 全面提升清洁生产水平。深入开展清洁生产审核和评价认证,推动钢铁、建材、石化化工、有色金属、印染、造纸、化学原料药、电镀、农副食品加工、工业涂装、包装印刷等行业企业实施节能、节水、节材、减污、降碳等系统性清洁生产改造。清洁生产审核和评价认证结果作为差异化政策制定和实施的重要依据。

大力发展循环经济,优化资源配置结构,充分发挥节约资源和降碳的协同作用,通过资源高效循环利用降低工业领域碳排放。① 推动低碳原料替代。② 加强再生资源循环利用。围绕电器电子、汽车等产品,推行生产者责任延伸制度。推动新能源汽车动力电池回收利用体系建设。③ 推进机电产品再制造。围绕航空发动机、盾构机、工业机器人、服务器等高值关键件再制造,打造再制造创新载体。④ 强化工业固废综合利用。

主动推进工业领域数字化转型。推动数字赋能工业绿色低碳转型,强化企业需求和信息服务供给对接,加快数字化低碳解决方案应用推广。推动新一代信息技术与制造业深度融合。利用大数据、第五代移动通信(5G)、工业互联网、云计算、人工智能、数字孪生等对工艺流程和设备进行绿色低碳升级改造。深入实施智能制造,持续推动工艺革新、装备升级、管理优化和生产过程智能化。在钢铁、建材、石化化工、有色金属等行业加强全流程精细化管理,开展绿色用能监测评价,持续加大能源管控中心建设力度。在汽车、机械、电子、船舶、轨道交通、航空航天等行业打造数字化协同的绿色供应链。在家电、纺织、食品等行业发挥信息技术在个性化定制、柔性生产、产品溯源等方面优势,推行全生命周期管理。推进绿色低碳技术软件化封装。开展新一代信息技术与制造业融合发展试点示范。

1.9 《减污降碳协同增效实施方案》(环综合〔2022〕42号)

为深入贯彻落实党中央、国务院关于碳达峰碳中和决策部署,落实新发展阶段生态文明建设有关要求,协同推进减污降碳,实现一体谋划、一体部署、一体推进、一体考核,生态环境部、发展改革委、工业和信息化部、住房城乡建设部 交通运输部、农业农村部、能源局联合印发本方案。

方案明确,到2025年,减污降碳协同推进的工作格局基本形成;重点区域、重点领域结构优化调整和绿色低碳发展取得明显成效;形成一批可复制、可推广的典型经验;减污降碳协同度有效提升。到2030年,减污降碳协同能力显著提升,助力实现碳达峰目标;大气污染防治重点区域碳达峰与空气质量改善协同推进取得显著成效;水、土壤、固体废物等污染防治领域协同治理水平显著提高。

开展产业园区减污降碳协同创新。鼓励各类产业园区根据自身主导产业和污染物、碳排放水平,积极探索推进减污降碳协同增效,优化园区空间布局,大力推广使用新能源,促进园区能源系统优化和梯级利用、水资源集约节约高效循环利用、废物综合利用,升级改造污水处理设施和垃圾焚烧设施,提升基础设施绿色低碳发展水平。

开展企业减污降碳协同创新。通过政策激励、提升标准、鼓励先进等手段,推动重点行业企业开展减污降碳试点工作。鼓励企业采取工艺改进、能源替代、节能提效、综合治理等措施,实现生产过程中大气、水和固体废物等多种污染物以及温室气体大幅减排,显著提升环境治理绩效,实现污染物和碳排放均达到行业先进水平,"十四五"期间力争推动一批企业开展减污降碳协同创新行动;支持企业进一步探索深度减污降碳路径,打造"双近零"排放标杆企业。

推进工业领域协同增效。实施绿色制造工程,推广绿色设计,探索产品设计、生产工艺、产品分销以及回收处置利用全产业链绿色化,加快工业领域源头减排、过程控制、末端治理、综合利用全流程绿色发展。推进工业节能和能效水平提升。依法实施"双超双有高耗能"企业强制性清洁生产审核,开展重点行业清洁生产改造,推动一批重点企业达到国际领先水平。研究建立大气环境容量约束下的钢铁、焦化等行业去产能长效机制,逐步减少独立烧结、热轧企业数量。大力支持电炉短流程工艺发展,水泥行业加快原燃料替代,石化行业加快推动减油增化,铝行业提高再生铝比例,推广高效低碳技术,加快再生有色金属产业发展。推动冶炼副产能源资源与建材、石化、化工行业深度耦合发展。鼓励重点行业企业探索采用多污染物和温室气体协同控制技术工艺,开展协同创新。推动碳捕集、利用与封存技术在工业领域应用。

1.10 其他

《中华人民共和国国民经济和社会发展第十四个五年规划和2035年远景目标纲要》、国家发展改革委《完善能源消费强度和总量双控制度方案》(发改环资〔2021〕1310号)、《国家发展改革委等部门关于严格能效约束推动重点领域节能降碳的若干意见》(发改产业〔2021〕1464号)、《"十四五"循环经济发展规划》(发改环资〔2021〕969号)、工业和信息化部关于印发《"十四五"工业绿色发展规划》的通知(工信部规〔2021〕178号)、《"十四五"现代能源体系规划》(发改能源〔2022〕210号)、《"十四五"节能减排综合工作方案》(国发〔2021〕33号)、国家发展改革委《国家碳达峰试点建设方案》(发改环资〔2023〕1409号)等文件,均提出碳达峰碳中和目标及重点任务,可见国家实施"双碳"战略目标的决心之大、力度之深。

2 长三角区域应对气候变化主要政策

2.1 上海市应对气候变化主要政策

2.1.1 《上海市碳达峰实施方案》(沪府发〔2022〕7号)

为深入贯彻落实党中央、国务院关于碳达峰、碳中和的重大战略决策,扎实推进本市碳达峰工作,制定本实施方案。方案明确到2025年,单位生产总值能源消耗比2020年下降14%,非化石能源占能源消费总量比重力争达到20%,单位生产总值二氧化碳排放确保完成国家下达指标。到2030年,非化石能源占能源消费总量比重力争达到25%,单位生产总值二氧化碳排放比2005年下降70%,确保2030年前实现碳达峰。

方案提出将碳达峰的战略导向和目标要求贯穿于经济社会发展的全过程和各方面,在加强统筹谋划的同时,进一步聚焦重点举措、重点区域、重点行业和重点主体,组织实施"能源绿色低碳转型行动""节能降碳增效行动""工业领域碳达峰行动""交通领域绿色低碳行动""循环经济助力降碳行动""绿色低碳科技创新行动""碳汇能力巩固提升行动""绿色低碳全民行动""绿色低碳区域行动"等碳达峰十大行动。鼓励支持各区、各园区加大力度开展绿色低碳循环技术创新和应用示范,培育壮大新能源、新能源汽车、节能环保、循环再生利用、储能和智能电网、碳补集及资源化利用、氢能等绿色低碳循环相关制造和服务产业。

2.1.2 《上海市国民经济和社会发展第十四个五年规划和二〇三五年远景目标纲要》

纲要明确提到大力促进经济社会全面绿色转型。

努力实现碳排放提前达峰。制定全市碳排放达峰行动方案,实施能源消费总量和强度双控,着力推动电力、钢铁、化工等重点领域和重点用能单位节能降碳,确保在2025年前实现碳排放达峰,单位生产总值能源消耗和二氧化碳排放降低确保完成国家下达目标。继续推进能源清洁高效利用,研究推进吴泾煤电等容量异地替代,推动宝钢和上海石化自备电厂实施清洁化改造,继续实施重点企业煤炭消费总量控制制度,到2025年煤炭消费总量控制在4 300万吨左右,煤炭消费总量占一次能源消费比重下降到30%左右,天然气占一次能源消费比重提高到17%左右。分行业、分领域实施光伏专项工程,稳步推进海上风电开发,到2025年本地可再生能源占全社会用电量比重提高到8%左右。推行能效对标达标行动,推动主要耗能产品和主要行业能效水平达到国际和国内先进水平。不断提升建筑能效等级,推广绿色建筑设计标准。出台碳普惠总体实施方案,鼓励公众节能降碳,积极创建低碳发展实践区和低碳社区。研究推进低碳产品认证和碳标识制度工作。推进全国碳排放交易系统建设,进一步完善本地碳交易市场,争取开展国家气候投融资试点。进一步提高森林碳汇能力,探索碳捕捉等技术应用。

加大产业、交通结构调整力度。继续推进产业结构转型升级,全面落实生态环境准入清单,积极推进低效产业园区转型升级、推行清洁生产和钢铁、化工、石化等重点行业绿色化改造。优先将节能环保产业做大做强,开展汽车制造、芯片制造、生物医药、电商物流等行业绿色供应链示范试点。推进绿色产品、绿色工厂、绿色园区建设,提升产业绿色化水平。加快重点区域转型。继续深化交通运输结构调整,完善集疏运体系,优化货运场站布局,进一步发挥水运、铁路等在对外交通运输中的作用。加大新能源车推广力度,到2025年力争全市公交、巡游出租、邮政、环卫、公务用车等新增或更新全部选用新能源车。

大力培育全社会绿色生活方式。全面推进重点领域绿色生活创建活动。大力推广节能环保低碳产品,全面推行绿色产品政府采购制度,国有企业率先执行企业绿色采购指南,鼓励其他企业自主开展绿色采购。大力倡导生态设计和绿色消费理念,加强塑料污染治理,减少一次性用品的使用,引导消费者优先采购可循环、易回收、可再生的替代产品。构建生活垃圾分类常态长效机制,进一步巩固生活垃圾分类全面达标。深入开展"光盘行动",试点餐饮行业绿色账户积分激励机制,在全社会营造浪费可耻、节约为荣的社会风尚。

2.1.3 《上海市生态环境保护"十四五"规划》(沪府发〔2021〕19号)

规划明确要求全面推进绿色高质量发展,提前实现碳排放达峰。

具体措施包括:制定碳达峰行动方案。明确二氧化碳排放达峰目标、路线图和主要任务,同步谋划远期碳中和目标及实施路径。细化重点行业和区域碳达峰方案和举措,对能源、工业、建筑、交通、新型基础设施等领域和钢铁、石化等重点行业,确定分领域、分行业碳达峰行动计划。

加强应对气候变化监管。统筹应对气候变化和生态环境保护,增强工作合力,做到统一谋划、统一布置、统一实施、统一检查。完善碳排放管理工作机制、统计核算、目标考核等,制定碳排放管理相关地方标准,优化低碳产品等评价、标识和认证制度。

健全碳排放交易市场机制。加快推进全国碳排放交易机构建设。积极开展纳入全国碳交易体系的重点企业配额分配、碳排放核查等工作,并加强规范管理。深化碳交易试点,引导培育碳交易咨询、碳资产管理、碳金融服务等服务机构。积极争取国家气候投融资试点。探索开展碳普惠工作,推进碳普惠市场与碳排放权交易市场相互衔接、相互促进。

深入推进低碳试点。继续做好国家低碳城市、低碳发展实践区、低碳社区、低碳园区、低碳示范机构等试点工作,逐步扩大低碳试点范围。持续推进低碳发展项目试点,强化零碳建筑、零碳园区等示范引领作用。

控制温室气体排放。编制温室气体排放清单。支持火电、化工、钢铁等行业开展碳捕获、利用与封存。加强非二氧化碳温室气体排放控制,积极推进电力设备制造、半导体制造等重点行业含氟温室气体减量化试点,加强垃圾填埋场甲烷收集利用,控制秸秆还田过程中甲烷的排放。加强林地、湿地等碳汇体系建设。

2.1.4 《上海市能源发展"十四五"规划》(沪府发〔2022〕4号)

着力构建安全可靠、坚强稳定的能源供给体系:一是优化市内煤电结构,煤电向清洁高效灵活兼顾转变。二是有序推进市内燃气电厂建设,气电向调峰和适度电量支撑转变。三是大力发展可再生能源,可再生能源向集中与分布式并重转变。实施"光伏+"专项工程,结合土地和屋顶资源,分行业、分领域推进光伏发展,力争光伏新增规模270万千瓦。近海风电重点推进奉贤、南汇和金山三大海域风电开发,探索实施深远海域和陆上分散式风电示范试点,力争新增规模180万千瓦。结合废弃物资源化利用推进生物质发电项目建设,新增规模约40万千瓦。因地制宜推进地热能开发,研究探索潮汐能试点示范。"光伏+"园区新增装机超过80万千瓦。以国家级产业园区和市、区两级产业园区为重点,结合园区建筑建设分布式光伏发电设施。

积极培育能源领域新动能。结合电力市场建设,促进能源商业模式创新,培育发展能源咨询、设计、生产、运维等一站式综合能源服务模式,提供集冷、热、电等能源品种于一体的综合能源服务。结合能源新基建建设,重点培育新业态发展。一是推进多站融合发展,重点在中心城区建设一批示范站。二是推进阳光金融发展,助力分布式光伏发展。三是因地制宜发展储能设施,大型风光电站按需适时配置储能设施,在工业园区等领域有序发展用户侧储能。

2.1.5 《关于印发上海市2023年碳达峰碳中和及节能减排重点工作安排的通知》(沪发改环资〔2023〕40号)

有效衔接"十四五"规划目标。2023年,全市单位生产总值能耗、单位生产总值二氧化碳排放量进一步下降,各区、各领域能耗强度、碳排放强度应与"十四五"规划目标进度相衔接,主要污染物氮氧化物、挥发性有机物、化学需氧量和氨氮工程减排量完成国家下达目标,煤炭消费总量持续控制。

具体工作包括:推进碳达峰碳中和综合管理、加快推进能源绿色低碳转型、持续推动节能降碳增效、深入推进工业领域碳达峰、推进城乡建设领域碳达峰、推动交通领域绿色低碳、大力发展循环经济、充分发挥科技创新核心支撑作用、持续巩固提升碳汇能力、积极倡导绿色低碳全民参与、推进绿色低碳区域行动、强化主要污染物减排、实施污染减排重点工程、健全节能减排政策机制、强化责任落实和监督执法。

2.2 江苏省应对气候变化主要政策

2.2.1 《江苏省碳达峰实施方案》(苏政发〔2022〕88号)

方案明确"十四五"期间,全省绿色低碳循环发展经济体系初步形成,重点行业能源利用效率大幅提高,能耗双控向碳排放总量和强度"双控"转变的机制初步建立,二氧化碳排放增量得到有效控制,美丽江苏建设初显成效。到2025年,单位地区生产总值能耗比2020年下降14%,单位地区生产总值二氧化碳排放完成国家下达的目标任务,非化石能源消费比重达到18%,林木覆盖率达到24.1%,为实现碳达峰奠定坚实基础。"十五五"期间,全省经济社会绿色低碳转型发展取得显著成效,重点耗能行业能源利用效率达到国际先进水平,碳排放双控制度初步建立,减污降碳协同管理体系更加完善,美丽江苏建设继续深入,争创成为美丽中国建设示范省。到2030年,单位地区生产总值能耗持续大幅下降,单位地区生产总值二氧化碳排放比2005年下降65%以上,风电、太阳能等可再生能源发电总装机容量达到9 000万千瓦以上,非化石能源消费比重、林木覆盖率持续提升。2030年前二氧化碳排放量达到峰值,为实现碳中和提供强有力支撑。

坚持将碳达峰贯穿于全省经济社会发展全过程和各方面,深入开展低碳社会全民创建、工业领域碳达峰、能源绿色低碳转型、节能增效水平提升、城乡建设领域达峰、交通运输低碳发展、绿色低碳科技创新、各地区有序达峰等"碳达峰八大专项行动"。

2.2.2 《江苏省"十四五"生态环境保护规划》

规划提出"十四五"时期,全省生态文明建设进入了以降碳为重点战略方向、推动减污降碳协同增效、促进经济社会发展全面绿色转型、实现生态环境质量改善由量变到质变的关键时期。

规划明确要求,到2025年,美丽江苏展现新风貌,碳排放强度、主要污染物排放总量持续下降。到2035年,广泛形成绿色生产生活方式,碳排放提前达峰后持续下降,生态环境根本好转。开展二氧化碳排放达峰行动是其中一项重要任务,规划要求:强化目标约束和峰值引领;降低重点领域二氧化碳排放;深入开展低碳试点示范;积极参与全国碳市场交易。

2.2.3 《关于推动高质量发展做好碳达峰碳中和工作实施意见》

意见明确到 2025 年绿色低碳循环发展经济体系初步形成，重点行业能源利用效率达到国际先进水平，二氧化碳排放增量得到有效控制，美丽江苏建设初显成效。单位地区生产总值能耗、单位地区生产总值二氧化碳排放、非化石能源消费比重完成国家下达目标任务，森林覆盖率持续提升，为实现碳达峰、碳中和奠定坚实基础。到 2030 年，经济社会绿色低碳转型发展取得显著成效，清洁低碳安全高效能源体系初步建立，减污降碳协同管理体系更加完善，美丽江苏建设继续深入，争创成为美丽中国建设示范省。单位地区生产总值能耗、单位地区生产总值二氧化碳排放持续下降，非化石能源消费比重、森林覆盖率持续提升，二氧化碳排放量达到峰值并实现稳中有降，为实现碳中和提供强有力支撑。到 2060 年，绿色低碳循环发展经济体系和清洁低碳安全高效能源体系全面建立，能源利用效率达到国际先进水平，碳中和目标如期实现，开创人与自然和谐共生新境界。

意见要求，统筹优化低碳发展区域布局，坚决遏制"两高"项目盲目发展，推进城乡建设低碳转型，加强关键核心技术攻关，强化指标约束，将碳达峰、碳中和工作成效纳入高质量发展考核，将相关指标纳入经济社会发展综合评价体系，将目标任务落实情况纳入省级生态环境保护督察，提出全面构建绿色低碳转型发展体系、低碳高效产业结构体系、低碳安全能源利用体系、绿色低碳交通运输体系、低碳城乡建设发展体系、低碳技术创新应用体系、生态碳汇巩固提升体系、绿色低碳转型配套体系。

2.2.4 《关于实施与减污降碳成效挂钩财政政策》的通知（苏政发〔2022〕31号）

为进一步强化各级政府生态环境保护责任，加强减污降碳协同增效，深入打好污染防治攻坚战，推进美丽江苏建设，江苏省人民政府决定"十四五"期间在全省实施与减污降碳成效挂钩的财政政策。

2021 年度起，将各市、县(市)年二氧化碳排放强度与全省平均强度的比值作为基础统筹金额的调节系数。单位地区生产总值二氧化碳排放下降率五项指标达到目标任务的市、县(市)，各按收取该市、县(市)统筹资金总额的 10% 进行返还。下降率每比目标任务改善 0.1 个百分点的按收取该市、县(市)统筹资金总额的 1% 进行奖励，奖励上限为 10%。

2.2.5 《江苏省生态环境厅 2021 年推动碳达峰碳中和工作计划》

2021 年 5 月,江苏省生态环境厅印发《江苏省生态环境厅 2021 年推动碳达峰碳中和工作计划》。工作计划制定了加强碳达峰工作顶层设计,推动重点领域碳达峰工作,建立碳减排监测统计考核体系,加强碳达峰法规、政策、技术研究,加强碳达峰工作组织保障共 5 大类 22 项任务,坚持因地制宜、突出重点、协调联动、注重实操,加强短期行动与长期方案的衔接,提出构建"1+1+6+9+13+3"碳达峰行动体系,并指出要推动重点领域碳达峰工作,严控新上高能耗、高污染项目。

2022 年 3 月,江苏省生态环境厅印发《江苏省生态环境厅 2022 年推动碳达峰碳中和工作计划》,聚焦"减污降碳"总要求,推进全省碳达峰碳中和。工作计划明确全年推动减污降碳协同控制、推进碳排放权交易、建设碳普惠体系、完善碳排放统计监测体系、加强碳达峰碳中和政策技术研究、强化组织保障等 6 大类 29 项 48 条具体任务。

2.3 浙江省应对气候变化主要政策

2.3.1 《浙江省应对气候变化"十四五"规划》(浙发改规划〔2021〕215 号)

规划提出到 2025 年,初步形成与经济社会发展相协调、与生态文明建设相适应、与生态环境保护相融合的应对气候变化工作新局面,碳达峰基础进一步夯实,适应气候变化能力有效提升,气候变化治理能力有效增强。碳排放总量和强度得到有效控制。低碳发展水平显著提升,低碳生产和生活方式基本形成,生态系统碳汇明显增加。到 2025 年,非化石能源占一次能源消费比重达到 24%,单位地区生产总值二氧化碳排放降低完成国家下达目标,碳排放总量得到有效控制。到 2035 年,碳排放达峰后稳中有降,绿色生产生活方式广泛形成,适应气候变化能力显著增强,为实现 2060 年前碳中和奠定坚实基础。

规划明确着力控制温室气体排放,推进能源、工业、建筑、交通运输等重点领域温室气体减排,有效控制非二氧化碳温室气体排放,增加生态系统碳汇,形成低碳生产生活方式,推动经济体系全面低碳转型。开展二氧化碳达峰行动,研究制定浙江省二氧化碳排放达峰行动方案,积极开展重点领域、重点行业达峰专项行动,鼓励有条件的地区和行业率先达到碳排放峰值。提高应对气候变化治理能力,围绕应对气候变化制度建设、减污降碳协同治理、科技支撑、数字赋能、市场机制、人才队伍等重点方面,切实推进应对气候变化改革探索工作,加强应对气候变化治理体系和治理能力现代化建设。推进试点示范建设,总结提炼一批可复制、可推广的低碳发展浙江经验,围绕深度减排、气候适应、碳中和等应对气候变化前沿工作,全方位高标准谋划推进应对气候变化试点示范,充分发挥基层的主动性和创造性,探索绿色低碳发展新路径。

2.3.2 《浙江省委省政府关于完整准确全面贯彻新发展理念做好碳达峰碳中和工作的实施意见》

意见要求到2025年,绿色低碳循环发展的经济体系基本形成,重点地区和行业能源利用效率大幅提升,部分领域和行业率先达峰,双碳数智平台建成应用。单位GDP能耗、单位GDP二氧化碳排放降低率均完成国家下达目标;非化石能源消费比重达到24%左右;森林覆盖率达到61.5%,森林蓄积量达到4.45亿立方米,全省碳达峰基础逐步夯实。到2030年,经济社会发展全面绿色转型取得显著成效,重点耗能行业能源利用效率达到国际先进水平,二氧化碳排放总量控制制度基本建立。单位GDP能耗大幅下降;单位GDP二氧化碳排放比2005年下降65%以上;非化石能源消费比重达到30%左右,风电、太阳能发电总装机容量达到5 400万千瓦以上;森林覆盖率稳定在61.5%左右,森林蓄积量达到5.15亿立方米左右,零碳、负碳技术创新及产业发展取得积极进展,二氧化碳排放达到峰值后稳中有降。到2060年,绿色低碳循环经济体系、清洁低碳安全高效能源体系和碳中和长效机制全面建立,整体能源利用效率达到国际先进水平,零碳、负碳技术广泛应用,非化石能源消费比重达到80%以上,甲烷等非二氧化碳温室气体排放得到有效管控,碳中和目标顺利实现,开创人与自然和谐共生的现代化浙江新境界。

意见提出推进经济社会发展绿色变革、构建高质量的低碳工业体系、构建绿色低碳的现代能源体系、推进交通运输体系低碳转型、推进建筑全过程绿色化、推进农林牧渔低碳发展、推行绿色低碳生活方式、实施绿色低碳科技创新战略、完善政策法规和统计监测体系、创新绿色发展推进机,并明确保障措施。

2.3.3 《浙江省工业领域碳达峰实施方案》(浙经信绿色〔2023〕57号)

实施方案强调坚持创新引领、坚持低碳发展、坚持重点突破、坚持有序推进,"十四五"期间,产业结构与用能结构优化取得积极进展,能源资源利用效率大幅提升,研发、示范、推广一批减排效果显著的低碳零碳负碳技术工艺装备产品,组织实施节能降碳技术改造,筑牢工业领域碳达峰基础。到 2025 年,规模以上单位工业增加值能耗较 2020 年下降 16% 以上,力争下降 18%;单位工业增加值二氧化碳排放下降 20% 以上,重点领域达到能效标杆水平产能比例达到 50%;建成 500 家绿色低碳工厂和 50 个绿色低碳工业园区。"十五五"期间,产业结构布局进一步优化,工业能耗强度、二氧化碳排放强度持续下降,努力达峰削峰,在实现工业领域碳达峰的基础上强化碳中和能力,基本建立以高效、绿色、循环、低碳为特征的现代工业体系。确保工业领域二氧化碳排放在 2030 年前达峰。

方案明确主要任务包括推进工业结构低碳转型、加快能耗双控和清洁能源替代、推进节能降碳技术改造、加快绿色制造体系建设、提高资源利用效率、推动重点行业节能降碳、探索数字化改革引领低碳转型、工业助力全社会达峰行动八大任务。

2.3.4 《关于严格能效约束推动重点领域节能降碳工作的实施方案》(浙发改产业〔2022〕1号)

通过开展重点领域节能降碳行动,全省逐步建立起以能效约束推动重点领域节能降碳的工作体系,工作基础不断夯实,配套政策加快完善,推动石油煤炭及其他燃料加工业、化学原料和化学制品制造业、非金属矿物制品业、黑色金属冶炼和压延加工业、有色金属冶炼和压延加工业等五大行业重点领域和数据中心整体能效水平明显提升、碳排放强度明显下降、绿色低碳发展能力显著增强、节能技术创新和产业发展取得积极进展。到 2023 年,力争重点领域达到能效基准水平产能比例达到 100%。到 2025 年,力争重点领域达到能效标杆水平产能比例达到 50%。到 2030 年,各重点领域能效基准水平和标杆水平进一步提高,达到标杆水平企业比例大幅提高,行业整体能效水平和碳排放强度达到国际先进水平,为如期实现碳达峰目标提供有力支撑。

2.3.5 《浙江省建设项目碳排放评价编制指南(试行)》(浙环函〔2021〕179号)

2021 年 7 月,浙江省生态环境厅发布了《浙江省建设项目碳排放评价编制指南(试行)》,该指南适用于在浙江省范围内钢铁、火电、建材、化工、石化、有色、造纸、印染、化纤等九大重点行业。

碳排放评价工作主要内容包括政策符合性分析、现状调查和资料收集、工程分析、措施可行性论证和方案比选、碳排放评价、碳排放控制措施与监测计划、评价结论。

碳排放评价要求根据二氧化碳排放"三本账"和排放绩效核算结果，对企业建设项目实施前后碳排放情况进行纵向对比，与所在区域、行业（产品）进行横向对比，评价建设项目实施前后的二氧化碳排放水平，分析碳减排潜力；分析对区域碳排放强度考核目标可达性和对区域碳达峰的影响；提出建设项目碳排放环境影响评价结论。

2.4 安徽省应对气候变化主要政策

2.4.1 《安徽省碳达峰实施方案》（皖政〔2022〕83号）

方案提出"十四五"期间，能源结构、产业结构、交通运输结构加快调整，城乡建设、农业农村绿色发展水平不断提高，重点行业能源利用效率大幅提升，新型电力系统加快构建，绿色低碳技术研发和推广应用取得积极进展，有利于绿色低碳循环发展的政策体系进一步完善。到2025年，非化石能源消费比重达到15.5%以上，单位地区生产总值能耗比2020年下降14%，单位地区生产总值二氧化碳排放降幅完成国家下达目标，碳达峰基础支撑逐步夯实。"十五五"期间，经济结构明显优化，绿色产业比重显著提升，重点领域低碳发展模式基本形成，重点耗能行业能源利用效率达到国际先进水平，绿色低碳技术取得关键突破，绿色生活方式广泛形成，绿色低碳循环发展的政策体系基本健全，具有重要影响力的经济社会发展全面绿色转型区建设取得显著成效。到2030年，非化石能源消费比重达到22%以上，单位地区生产总值二氧化碳排放比2005年下降65%以上，顺利实现2030年前碳达峰目标。

方案要求将碳达峰贯穿于经济社会发展全过程和各方面，重点实施能源清洁低碳转型、节能降碳能效提升、经济结构优化升级、交通运输绿色低碳、城乡建设绿色发展、农业农村减排固碳、生态系统碳汇巩固提升、居民生活绿色低碳、绿色低碳科技创新、循环经济助力降碳、绿色金融支持降碳、梯次有序碳达峰等"碳达峰十二大行动"。

2.4.2 《安徽省工业领域碳达峰实施方案》

方案坚持总体部署，分类施策；政策引导，企业主体；创新驱动，数字赋能；系统推进，稳妥有序，要求"十四五"期间，工业产业结构、生产方式绿色低碳转型取得显著成效，能源资源利用效率显著提升，初步建成高效、循环、低碳的现代工业体系，为工业领域碳达峰、碳中和奠定基础。到2025年，全省规模以上工业单位增加值能耗较2020年下降15%，单位工业增加值二氧化碳排放较2020年下降

18%。"十五五"期间,工业产业结构进一步优化,工业能耗强度、二氧化碳排放强度持续下降,全省制造业能源资源配置更加合理、利用效率稳步提高,绿色低碳发展迈入新阶段。力争工业领域二氧化碳排放 2030 年前达峰,推动钢铁、水泥等有条件的重点行业率先达峰。

锚定工业领域碳达峰碳中和目标,围绕产业结构和能源效率两个着力点,实施产业结构优化提升、节能提效助力减碳、绿色体系协同减碳、资源循环利用减碳、绿色低碳创新应用、绿色制造数字赋能六大行动,推进结构降碳、节能降碳、协同降碳、循环降碳,全面推动安徽省工业绿色发展迈上新台阶。

2.4.3 《中共安徽省委安徽省人民政府关于完整准确全面贯彻新发展理念做好碳达峰碳中和工作的实施意见》

到 2025 年,绿色低碳循环发展的经济体系初步形成,能源结构、产业结构、交通运输结构加快调整,城乡建设、农业农村绿色发展水平不断提高,重点行业能源利用效率大幅提升,绿色低碳技术创新取得积极进展。单位地区生产总值能耗比 2020 年下降 14%,单位地区生产总值二氧化碳排放降幅完成国家下达目标;非化石能源消费比重达到 15.5% 以上;森林覆盖率不低于 31%,森林蓄积量达到 2.9 亿立方米。到 2030 年,具有重要影响力的经济社会发展全面绿色转型区建设取得显著成效,绿色生产生活方式广泛形成,重点耗能行业能源利用效率达到国际先进水平,绿色产业比重显著提升,科技支撑降碳能力明显增强。单位地区生产总值能耗大幅下降,单位地区生产总值二氧化碳排放比 2005 年下降 65% 以上;非化石能源消费比重达到 22% 以上,风电、太阳能发电总装机容量达到 5 500 万千瓦以上;森林覆盖率稳定在 31% 以上,森林蓄积量达到 3.1 亿立方米,二氧化碳排放量达到峰值后稳中有降。到 2060 年,绿色低碳循环发展的经济体系和清洁低碳安全高效的能源体系全面建立,能源利用效率达到国际先进水平,零碳、负碳技术广泛应用,非化石能源消费比重达到 80% 左右,碳中和目标顺利实现。

意见要求加快构建清洁低碳安全高效的能源体系,持续优化经济结构,建设绿色低碳交通运输体系,提升城乡建设绿色低碳发展质量,推进农林降碳增汇,倡导绿色低碳生活,加强绿色低碳科技创新,强化绿色低碳发展战略导向,健全法规标准和统计监测体系。

2.4.4 《安徽省"十四五"节能减排实施方案》(皖政秘〔2022〕106 号)

重点行业绿色升级工程。聚焦石化、化工、钢铁、电力、有色、建材等主要耗能行业,开展工业能效提升行动,对标国际先进或行业标杆水平,分行业明确能效提升目标,组织实施重点工作举措。持续提升用能设备系统能效,推广高效精馏系统、高温高压干熄焦、富氧强化熔炼等节能技术。推动新型基础设施能效提升,培育绿色制造示范企业和绿色数据中心。"十四五"时期,规模以上工业单位增加值能耗下降15%,万元工业增加值用水量下降16%。

园区节能环保提升工程。推动具备条件的省级以上园区全部实施循环化改造。推动工业园区能源系统整体优化,鼓励工业企业、园区优先使用可再生能源。推进园区电、热、冷、气等多种能源协同的综合能源项目建设。强化园区污水处理厂运行监管,提升园区污水处理能力。加强固体废物、危险废物贮存和处置环境监管,推动挥发性有机物、电镀废水及特征污染物集中治理等"绿岛"项目建设。

城镇绿色节能改造工程。全面提高新建建筑节能标准,实施绿色建筑统一标识制度,加快推进超低能耗、近零能耗、低碳建筑规模化发展。实施城镇既有建筑和市政基础设施节能改造专项行动,积极开展建筑屋顶光伏行动,推广光伏建筑一体化应用。大力发展装配式建筑,推进装配式建筑示范城市建设。加快工业余热供暖规模化发展,引导各地因地制宜推广热泵、燃气、地热等清洁低碳取暖方式。实施绿色高效制冷行动,大幅提升制冷系统能效水平。到2025年,城镇新建建筑全面执行绿色建筑标准,星级绿色建筑占比达到30%以上,城镇新建建筑中装配式建筑比例超过30%。新建公共机构建筑、新建厂房屋顶光伏覆盖率力争达到50%。

可再生能源替代工程。坚持集中式与分布式建设并举,因地制宜建设集中式光伏发电项目,推动整县(市、区)屋顶分布式光伏发电试点工作。坚持集中式和分散式相结合,有序推进皖北平原连片风电项目建设,稳妥推进皖西南地区集中式风电项目建设,鼓励分散式风电商业模式创新。大力推进风光储一体化建设。加快建设一批抽水蓄能电站,打造千万千瓦级绿色储能基地。多元高效利用生物质能,推进农林生物质热电联产项目新建和供热改造,合理规划城镇生活垃圾焚烧发电项目,统筹布局生物燃料乙醇项目,适度发展先进生物质液体燃料。到2025年,非化石能源占能源消费总量比重达到15.5%以上。

完善节能减排政策机制。完善能耗双控制度,坚决遏制高耗能高排放项目盲目发展,健全规范标准,完善经济政策,建立完善以市场为导向的节能减排政策体系,加强统计监测基础能力建设,加强监督检查和能力建设。

3 园区应对气候变化主要政策

3.1 《关于在国家生态工业示范园区中加强发展低碳经济的通知》(环办函〔2009〕1359号)

通知要求自2010年起,在国家生态工业示范园区建设和发展中,将发展低碳经济作为重点纳入园区建设内容。

国家生态工业示范园区建设单位在申报、建设、验收等各阶段,应贯彻循环经济、低碳经济理念和生态工业学原理,以低能耗、低排放、低污染为基础,通过产业优化、技术创新、管理升级等措施,不断提高能源利用效率和改善能源结构;根据各园区特点从低碳产业、低碳生产、低碳产品、低碳生活等方面着手,通过国家生态工业示范园区试点工作,积极探索园区和工业集聚区减少碳排的有效途径。

3.2 《关于在产业园区规划环评中开展碳排放评价试点的通知》(环办环评函〔2021〕471号)

生态环境部为充分发挥规划环评效能,选取具备条件的产业园区,在规划环评中开展碳排放评价试点工作。

通知要求,一是探索规划环评中开展碳排放评价的技术方法。以生态环境质量改善为核心,推进减污降碳协同增效,在《规划环境影响评价技术导则 产业园区》的基础上,结合产业园区规划环评中开展碳排放评价试点工作要点,采取定性与定量相结合的方式,探索开展不同行业、区域尺度上碳排放评价的技术方法,包括碳排放现状核算方法研究、碳排放评价指标体系构建、碳排放源识别与监控方法、低碳排放与污染物排放协同控制方法等方面。二是完善将碳排放评价纳入规划环评的环境管理机制。结合碳排放评价结果,进一步衔接区域"三线一单"生态环境分区管控要求、国土空间规划和行业发展规划内容,细化考虑气候变化因素的生态环境准入清单,为区域建设项目准入、企业排污许可证申领、执法检查等环境管理提供基础。三是形成一批可复制、可推广的案例经验。通过试点工作,重点从碳排放评价技术方法、减污降碳协同治理、考虑气候变化因素的规划优化调整方式和环境管理机制等方面总结经验,形成一批可复制、可推广的案例,为碳排放评价纳入环评体系提供工作基础。

3.3 《关于推进国家生态工业示范园区碳达峰碳中和相关工作的通知》(科财函〔2021〕159号)

通知要求将碳达峰、碳中和作为示范园区建设的重要内容,通过践行绿色低碳理念、强化减污降碳协同增效、培育低碳新业态、提升绿色影响力等措施,以产业优化、技术创新、平台建设、宣传推广、项目示范为抓手,在"一园一特色,一园一主题"的基础上,形成碳达峰碳中和工作方案和实施路径,分阶段、有步骤地推动示范园区先于全社会在2030年前实现碳达峰,2060年前实现碳中和。

重点任务包括:一是优化能源结构和产业结构。积极推动示范园区产业结构向低碳新业态发展。按照增加碳汇、减少碳源的原则,限制和淘汰落后的高能耗、高污染产业,开展技术革新、管理创新,实现生产过程节能减排,促进能源结构的调整改善,同时积极引入以低能耗、低污染、低排放为主要特点的低碳产业、节能环保产业、清洁生产产业,使区域产业结构不断优化升级。二是推动低碳技术创新应用转化。充分利用示范园区中高新技术企业和科研院所的研发能力,开展能源替代技术、碳捕集、利用与封存技术、工艺降碳技术、低碳管理技术等有利于促进碳达峰关键技术的研究和开发。在示范园区层面建立低碳技术企业孵化器,推动低碳技术的产业化。三是构建双碳目标管理平台。在示范园区管理平台的基础上,充分利用智慧化和大数据技术,增加和完善碳达峰、碳中和管理功能,按照减污降碳协同控制理念,对示范园区开展清洁能源替代、提高能源利用效率,持续调整改善示范园区能源结构所产生的减污降碳协同效应进行有效地的跟踪和评估,提高管理的科学性和精准性。四是强化绿色低碳理念宣传教育。加强示范园区内企业员工、居民碳达峰碳中和理念的教育和宣传,促使公众在生产、生活和消费行为模式中向减碳降碳方向转变,力行低碳出行、使用低碳产品。

通知要求各生态工业示范园区现阶段强化碳达峰碳中和目标,摸清底数,开展示范园区碳排放现状调查,并编制《园区碳达峰碳中和实施路径专项报告》。

3.4 产业园区减污降碳协同创新试点

生态环境部正稳步推开城市和产业园区减污降碳协同创新试点工作,综合各省(自治区、直辖市)生态环境部门推荐、专家评审意见等因素,筛选形成了第一批城市和产业园区试点名单,持续推动减污降碳协同创新试点工作扎实开展。第一批城市和产业园区试点单位共包括21个城市、43个产业园区,园区名单见

表3.1。城市涵盖资源型、工业型、综合型、生态良好型等多种类型，产业园区涉及钢铁、有色、石化、汽车、装备制造、新能源等多个行业，试点单位分布广泛、类型多样、代表性较强，与污染防治攻坚任务相衔接，与绿色低碳发展要求相适应，充分体现了多领域、多层次创新试点的工作导向和实践要求。

表3.1 产业园区试点名单

省份	产业园区
北京市	北京经济技术开发区、朝阳区循环经济产业园
天津市	天津经济技术开发区
河北省	河北邯郸复兴经济开发区、河北武安工业园区
山西省	山西转型综合改革示范区晋中开发区、杏花村经济技术开发区、稷山经济技术开发区、阳泉高新技术产业开发区
内蒙古自治区	内蒙古鄂托克经济开发区、内蒙古鄂尔多斯苏里格经济开发区
辽宁省	沈阳欧盟经济开发区
上海市	上海碳谷绿湾产业园、上海金山现代农业产业园、上海嘉定氢能港
江苏省	宜兴经济技术开发区、国家东中西区域合作示范区（连云港徐圩新区）、南通经济技术开发区、江苏溧阳高新技术产业开发区
浙江省	杭州湾上虞经济技术开发区、乍浦经济开发区、宁波石化经济技术开发区、台州湾经济技术开发区
安徽省	合肥高新技术产业开发区、蚌埠高新技术产业开发区、宁国经济技术开发区
福建省	东侨经济技术开发区、厦门海沧台商投资区
山东省	济南新旧动能转换起步区、青岛高新技术产业开发区、乐陵化工产业园
河南省	滑县能源新材料循环再生工业园
湖北省	襄阳高新技术产业开发区
广东省	广州南沙经济技术开发区
广西壮族自治区	龙港新区玉林龙潭产业园区
海南省	海口高新技术产业开发区
重庆市	重庆涪陵高新技术产业开发区、重庆西彭工业园区
四川省	四川遂宁安居经济开发区
贵州省	贵州绥阳经济开发区
甘肃省	白银高新技术产业开发区、甘肃民乐工业园区
新疆维吾尔自治区	乌鲁木齐米东区化工工业园

第 4 章

长三角区域社会经济与低碳发展

了解长三角地区经济社会发展现状与碳排放特征,能够为后续探究长三角地区生态工业园碳排放特征及影响因素分析提供现实依据,为后续研究生态工业园低碳发展重点任务奠定基础。本部分内容主要对长三角地区经济社会发展与碳排放概况进行了统计、测算与分析。

1 长三角区域社会经济发展现状

1.1 长三角区域概述

长三角是我国经济发展最快、对外开放程度最高、创新驱动最多的区域之一,对我国现代化建设和大力发展对外开放方面贡献较大,对我国的经济整体平稳增长具有重要的决定意义。长三角区域作为我国东部沿海经济最发达的地区,能源消耗量大、温室气体排放量大,集聚的产业链和密集的交通网络给该区域带来巨大的环境压力,这也使得长三角区域的减缓气候变化工作对我国实现2060年碳中和目标具有重要影响。

长三角全称为长江三角洲,坐落在我国长江的下游地带,根据《长江三角洲城市群发展规划》(2016—2020年)、《长江经济带发展规划纲要》等具体规定与实施办法制定,对长三角城市群的覆盖范围有了更明确的界定,包含上海市,江苏省、浙江省、安徽省范围内的共26个市辖区,总面积35.8万平方千米,分布于国家"两横三纵"城市化格局的优化开发和重点开发区域。

表 4.1 长三角城市群成员城市

上海市	江苏 9 市	浙江 8 市	安徽 8 市
上海	南京	杭州	合肥
	无锡	宁波	芜湖
	常州	嘉兴	马鞍山
	苏州	湖州	铜陵
	南通	绍兴	安庆
	盐城	金华	滁州
	扬州	舟山	池州
	镇江	台州	宣城
	泰州		

1.2 长三角区域经济发展水平分析

在时间维度上,长三角地区的经济发展大致可以分为三个时期。第一阶段为1978年至1992年,其间长三角地区经济发展不快,而是针对当时战略性需求,调整相应发展策略,主要表现为经济的平缓增长。这一阶段,长三角地区巩固原有经济基础,培育自身发展潜力,为整个区域经济发展积累了丰富的经验和教训。第二阶段为1992年至1997年,邓小平南方谈话,建立上海浦东新区。透过上海浦东新区这一战略榜样,长三角地区找到了适合自身发展的新道路。这一阶段的主要任务是协调好各方面利益关系,促进区域内各城市和各地间的共同发展。第三个阶段从1997年到现在,长三角经济圈的开发才刚刚开始,这一时期的快速发展得益于当时在长三角经济圈内和经济圈外推行了区域经济合作。

根据《中国统计年鉴》,长三角地区2021年生产总值为276 054亿元,相较2020年的244 170亿元同比增长了13.06%。在长三角区域的三省一市里,浙江省的增长幅度最大,2021年生产总值为73 515.76亿元,较2020年的64 689.06亿元增长了13.64%。通过对2011—2021年期间长三角区地区生产总值进行比较,各地区经济发展趋势大体一致,整体呈现稳步增长趋势。生产总值占比方面,江苏省占比最大,2021年江苏省生产总值为116 364.20亿元,占比高达42.15%。

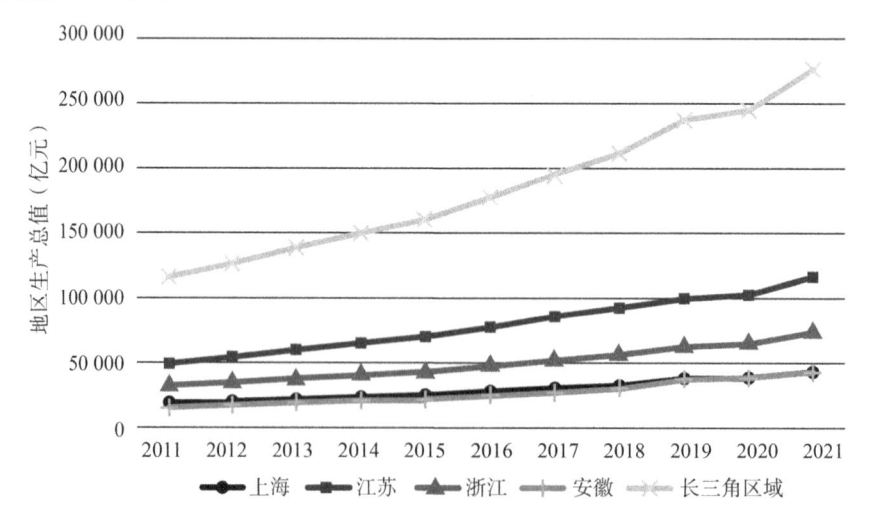

图 4.1　2011—2021年长三角地区及各省地区生产总值

资料来源:《中国统计年鉴》(2011—2021年)

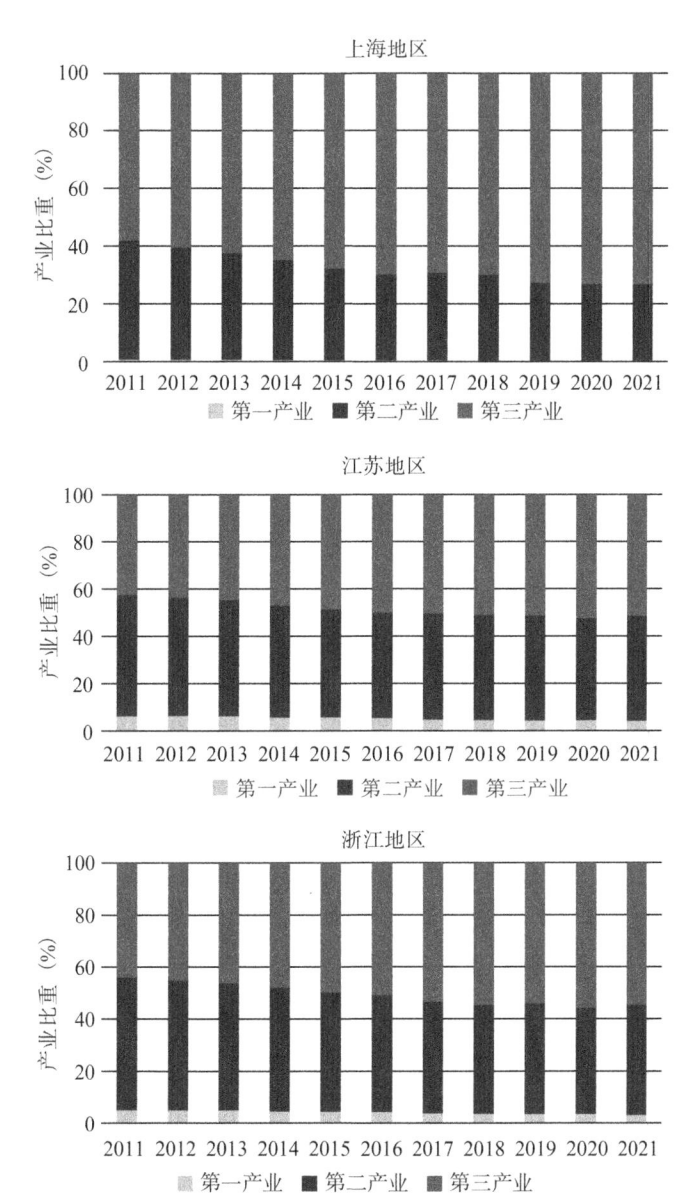

2011—2021年,长三角地区第一产业占比、第二产业占比下降,第三产业占比呈稳步上升,上海市的第三产业占比已经远超过第一产业占比和第二产业占比,而浙江省和江苏省的第二产业占比和第三产业占比比值接近于1∶1。长三角区域已处于二三产业并重并向第三产业为主导的阶段过渡的时期,第三产业承担越来越重要的角色。

图 4.2　2011—2021 年长三角地区三次产业占比分析

资料来源：《中国统计年鉴》(2011—2021 年)

2　长三角区域生态环境现状分析

2.1　各地区污染物排放现状分析

分析产业结构对环境污染现状影响,通常必须对在产业生产过程中产生的"三种废物"——废水、废气、固体废物——进行统计。第一产业对污染的影响主要体现在农药污染,水土流失,肥力降低,不合理的开垦、耕种和放牧造成的植被破坏。第三产业对污染的影响体现运输业、旅游业等不合理的管理引起的废水、汽车废气、噪声污染等。第二产业对污染的影响远远大于第一产业和第三产业,特别是工业,工业生产过程中的排放和污染问题在所有产业中最为严重。

(1) 工业废水排放情况分析

废水污染是水体污染物集中表现的汇集处,主要分为工业废水和生活废水。其中,工业废水中含有大量的汞、镉、铅、硫化物等有毒有害物质,对环境的破坏性远超过生活废水。图4.3反映了2012年至2021年长三角地区工业废水排放情况,由图可见整个长三角地区工业废水排放量总体呈现减少的趋势。

江苏省工业废水排放量从 23.61 亿吨下降至 12.17 亿吨,下降幅度48.45%;浙江省工业废水排放量从 17.54 亿吨下降至 10.38 亿吨,下降幅度40.82%;上海由于排放基数相对较低,工业废水排放量从 4.77 亿吨下降至

3.21亿吨,下降幅度32.7%。

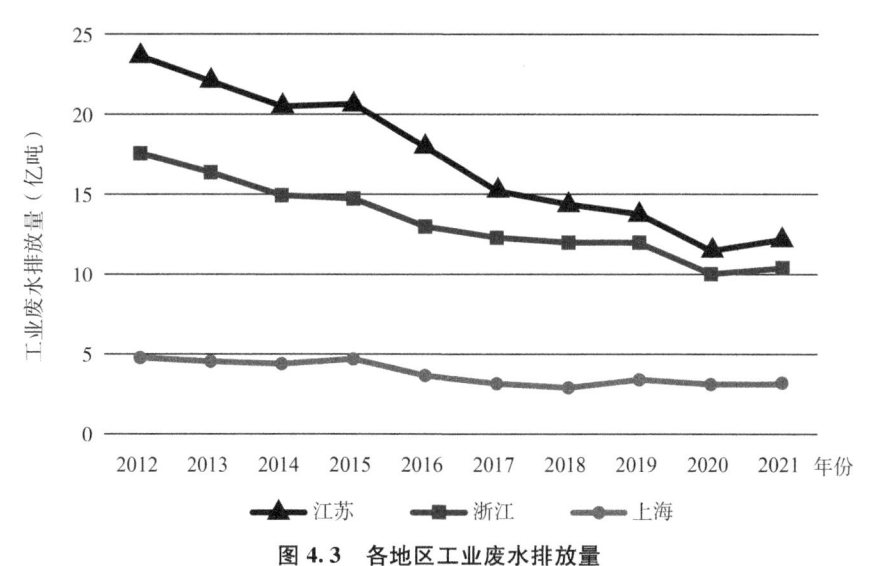

图 4.3　各地区工业废水排放量

数据来源:《江苏统计年鉴》(2013—2022年)、《浙江统计年鉴》(2013—2022年)、《上海统计年鉴》(2013—2022年)

(2) 工业废气排放情况分析

近几年来,全国一些城市频繁出现雾霾等大气质量问题,其最主要的原因就是工业废气的排放。图4.4反映了2012—2021年工业废气中二氧化硫排放量

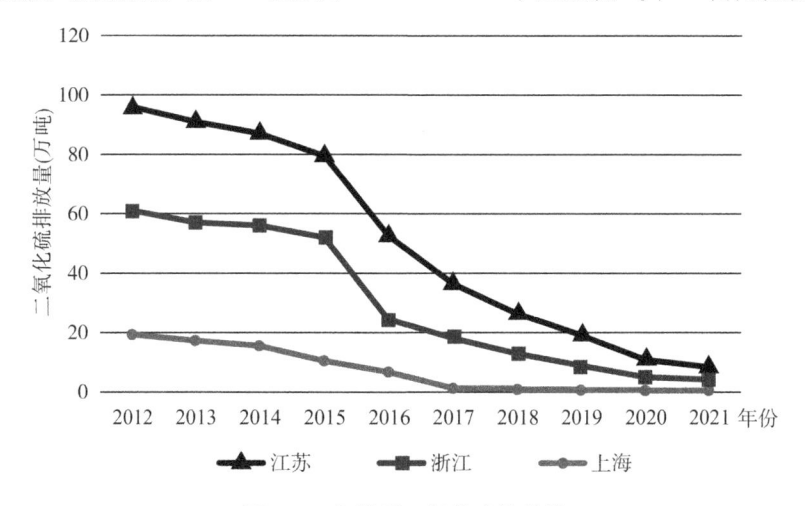

图 4.4　各地区二氧化硫排放量

数据来源:《江苏统计年鉴》(2013—2022年)、《浙江统计年鉴》(2013—2022年)、《上海统计年鉴》(2013—2022年)

情况。从图中可以看出,二氧化硫排放量均呈下降趋势,图中三条趋势线的变化和废水排放量相似。江苏省二氧化硫排放量远高于其他两个地区,从2012年95.92万吨到2017年降到了8.41万吨,下降率达到91%;浙江省二氧化硫排放量从61万吨下降至4.2万吨,下降幅度93%;上海市二氧化硫排放量从19.34万吨下降至0.55万吨,下降幅度97%。各地区热电厂升级改造、企业脱硫脱硝引起二氧化硫排放量大幅度下降。

(3) 工业固体废弃物产生情况

固体废弃物主要来自工业生产过程中产生的冶炼废渣、炉渣、粉煤灰、危险废物、放射性废弃物等,处理不好会直接影响环境面貌。从图4.5中可以看出,三个地区固体废弃物产生量变化趋势不一致。江苏省整体呈现上升趋势,其中在2014—2015年以及2017—2019年有过下降趋势的波动后又再上升,10年间固体废弃物产生量增长2826万吨,远远超过浙江省和上海市;浙江省的工业固体废弃物产生量在2012—2021年增长了1 278万吨,增长率28%;上海市变化较为平缓,且有下降趋势,2012—2021年工业固体废物产生量减少了126万吨。

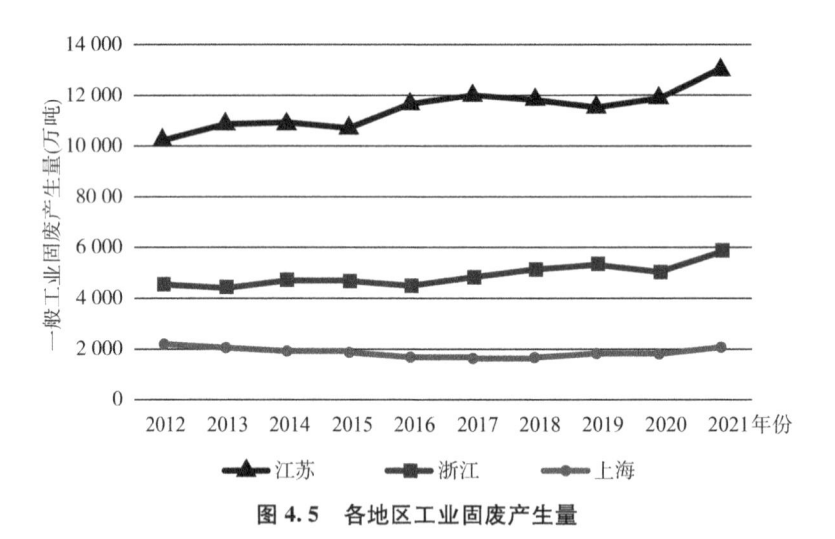

图4.5 各地区工业固废产生量

数据来源:《江苏统计年鉴》(2013—2022年)、《浙江统计年鉴》(2013—2022年)、《上海统计年鉴》(2013—2022年)

2.2 各地区生态环境质量现状分析

主要对江苏省、浙江省和上海市的环境空气质量、水环境质量做现状研究,数据选取时间在2014—2021年。

(1) 环境空气质量

如图所示,2014—2021年,长三角地区环境空气质量稳步上升,环境空气质量越来越好。从区域来看,浙江省环境空气质量要优于江苏省、上海市,2018年,浙江省空气质量达标率94%;江苏省环境空气质量最差,2018年空气质量达标率82%。

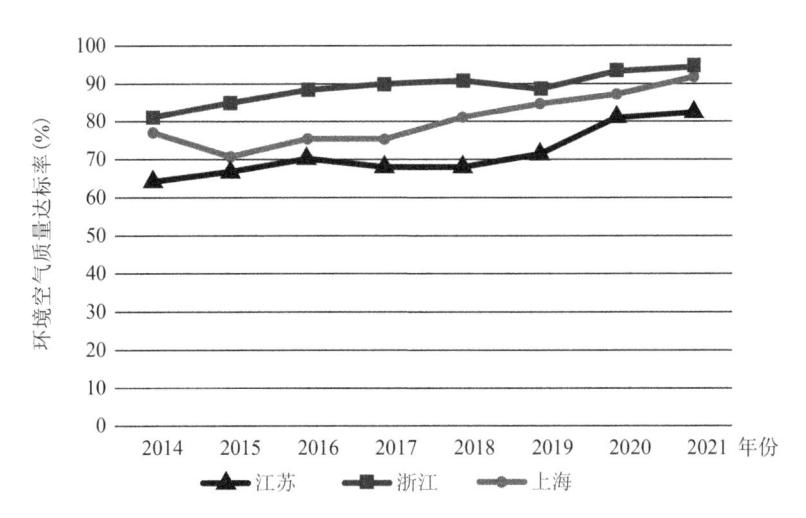

图 4.6　长三角地区环境空气质量达标情况

数据来源:江苏省环境状况公报、浙江省环境状况公报、上海市环境状况公报

(2) 水环境质量

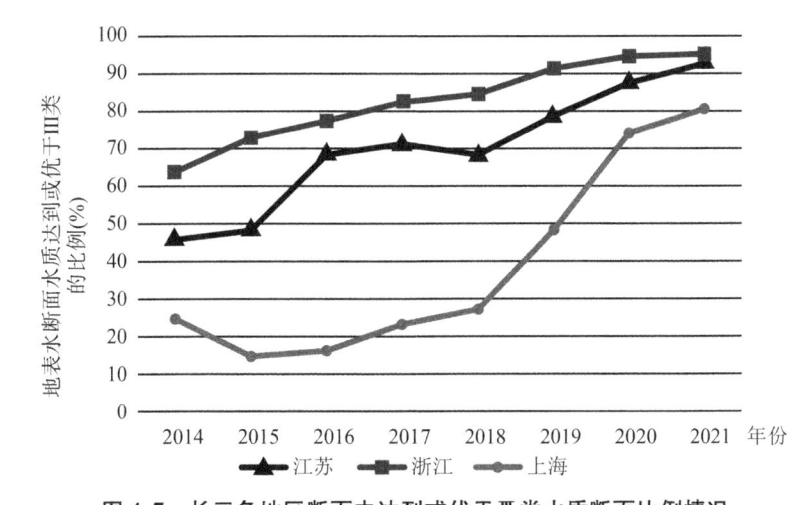

图 4.7　长三角地区断面中达到或优于Ⅲ类水质断面比例情况

数据来源:江苏省环境状况公报、浙江省环境状况公报、上海市环境状况公报

如图所示,2014—2021年,长三角地区断面水质达到Ⅲ类水质以上的断面占比呈现上升趋势。2021年,江苏省、浙江省、上海市地表水断面中达到或优于Ⅲ类水质断面比例为92.7%、95.2%、80.6%,与2014年相比,分别上升了46.9%、31.4%、55.9%。

3 长三角区域能源消耗与碳排放现状

3.1 长三角区域能源消耗现状

长三角地区是我国现代化建设与开放格局中极为重要的一部分,该地区总面积占全国的不到4%,但2021年的地区生产总值却高达27.6万亿元,占全国总GDP的24%以上。同时,长三角地区的终端能源需求总量也达到全国需求总量的17%,是全国能源消费最集中的地区之一。此外,长三角是我国城镇化程度较高的区域,二氧化碳排放量也在全国居于领先地位。

从能源消费总量来看(图4.8),2011—2021年长三角地区能源消费量逐年递增。2021年为83 599万吨标准煤,较2011年增加24.5%。能源消费量增长

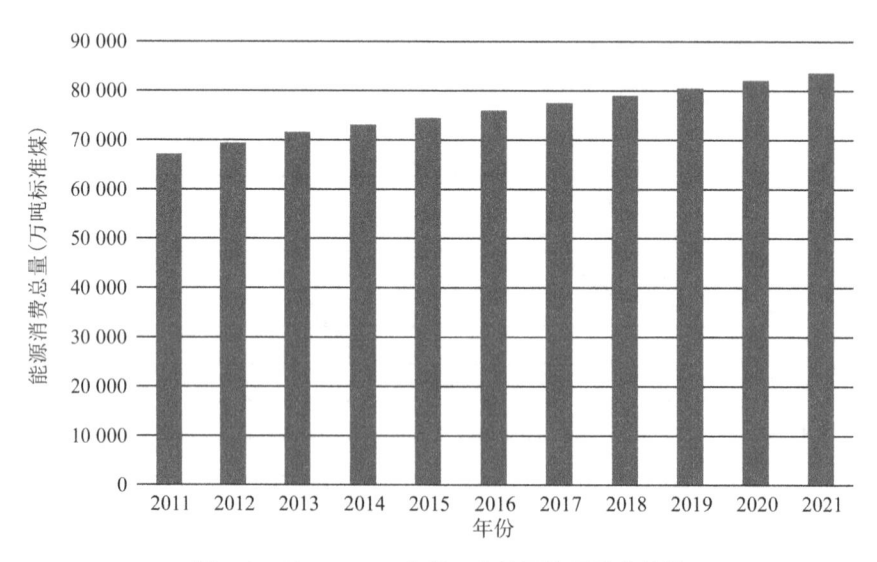

图4.8 2011—2021年长三角地区能源消费总量

率整体呈现下降趋势,从 2013 年开始增长率维持在 2.00% 左右,增长趋势较为平缓。在 2013 年之前长三角地区产业结构以第二产业为主,第二产业所需消耗的能源较多,在 2013 年产业结构逐步转型,第三产业所需消耗的能源较少,但第二产业占比仍然较大,使得能源消费量呈现缓慢增加趋势。

当前长三角地区能源消费以煤炭和石油为主,水电和风电也包括在内。以长三角能源消费为目标,国内学者一般认为,区域一次能源消耗以第二产业为主,耗能部门以工业为主并包含居民住宅及交通运输方面。面对长三角地区的经济发展问题,需要同时保证第二产业的优势和淘汰落后产能,还需要对产业结构进行升级调整,并引进高新技术人才以促进区域间交流合作,这是不得不面对的严峻考验。

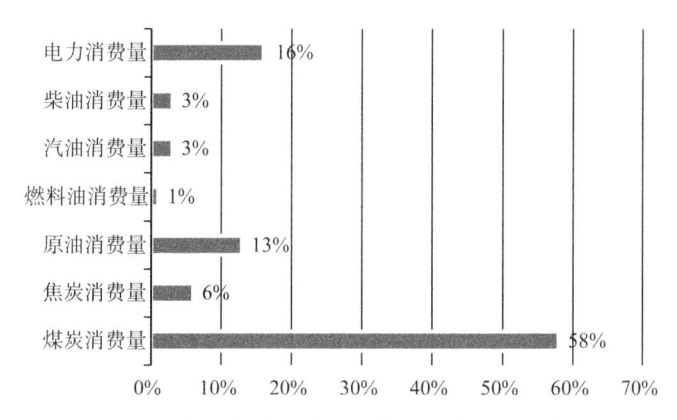

图 4.9　长三角地区能源消费比例情况(2021 年)

资料来源:《中国统计年鉴》(2021)

根据《上海市统计年鉴》《江苏省统计年鉴》《浙江省统计年鉴》《安徽省统计年鉴》的数据显示,2021 年,长三角能源消费总量为 87 156.67 万吨标准煤,主要消费的能源种类是煤炭。其中江苏省总能耗居首位,消费总量为 33 507.32 万吨标准煤。另外,江苏省风力发电也相对比较发达,对电力的消耗也正处在一个相对发展的时期,达到了 7 101.16 亿千瓦时(表 4.2)。

表 4.2　2021 年长三角区三省一市能源消费情况

地区	能源消费总量（万吨标准煤）	煤炭消费量（万吨）	焦炭消费量（万吨）	原油消费量（万吨）	燃料油消费量（万吨）	汽油消费量（万吨）	柴油消费量（万吨）	电力消费量（亿千瓦时）
上海市	11 683.02	3 168.2	653.35	3 500.53	631.45	470.85	445.3	1 598.7
江苏省	33 507.32	24 949.03	4 403.65	4 019.99	172.964	1 126.85	933.36	7 101.16
浙江省	26 623.7	15 242.87	285.53	5 636.97	144.45	791.68	630.49	5 512.1
安徽省	15 342.63	18 896.05	1 361.45	751.9	21.9	697.15	722.7	2 715.63

资料来源：《上海市统计年鉴》《江苏省统计年鉴》《浙江省统计年鉴》《安徽省统计年鉴》

长三角地区的经济形态以第二产业为主,这导致了长三角能源结构目前的状况。这一状况与地区的历史和政策有关。近年来,中国一直在深化改革,出台各种政策倾斜和扶持,改善了长三角地区的状况。目前,长三角地区已经成为中国经济的重心和能源消费的净输入地,能源结构改变与碳排放量改变直接相关。

分区域来看,上海、江苏、浙江、安徽的能源消费量占比最高的均为第二产业,其次是第三产业,再次是居民生活,第一产业的能源消费量占比最小。但值得注意的是,上海地区的第二产业能源消费量占比相对于其他三个地区来说比较小。一方面,上海工业碳排放百分比持续下降,降低了全市能源消费强度;另一方面,上海工业内部结构不断优化,提升能源利用效率,在过去10年中,上海一直在加强淘汰落后产能工作,现在焦炭、铁合金、平板玻璃、皮革鞣制和其他工业已经完全退出,铅蓄电池和砖瓦、钢铁行业基本完成了产业的融合,小化肥和冶炼、小型水泥企业已基本停产;此外,通过不断推进技术改造,上海工业部门的能源效率得到明显提高。

3.2 长三角区域碳排放现状

选用排放清单法,并基于能源表观消费量采用"自上而下"的形式对长三角地区的碳排放量进行核算,大气中的二氧化碳排放量主要来源为能源的燃烧,选取8种主要能源的消费总量,包括原煤、焦炭、原油、汽油、煤油、柴油、燃料油和天然气,计算公式如下:

$$I = \sum_{i=1}^{8} \left(E_i \times NCV_i \times CC_i \times COF_i \times \frac{44}{12} \right) \qquad (4.1)$$

其中,I 表示碳排放量;E_i 代表第 i 种能源的消费量;NCV_i、CC_i、COF_i 分别表示第 i 种能源的低位发热量、单位热值含碳量以及碳氧化率;44/12 表示碳转化成二氧化碳的系数。因《省级温室气体清单编制指南(试行)》中的能源相关参数是通过测量我国一些城市的碳排放情况获得的,更加符合我国国情,所以各能源的单位热值含碳量和碳氧化率取值以此为参考。在计算时需要先将各种能源消费量折算成标准煤后再代入公式计算,计算出各省的碳排放量后累加得到长三角地区碳排放量。8种能源相关参数具体数值见表4.3。

表 4.3 各能源折算系数

能源种类	折标准煤系数	低位发热量 （千焦/千克）	单位热值含碳量 （吨/万亿焦耳）	碳氧化率
原煤	0.714 3	20 908	26.37	0.94
焦炭	0.971 4	28 435	29.5	0.93
原油	1.428 6	41 816	20.1	0.98
汽油	1.471 4	43 070	18.9	0.98
煤油	1.471 4	43 070	19.5	0.98
柴油	1.457 1	42 652	20.2	0.98
燃料油	1.428 6	41 816	21.1	0.98
天然气	1.33	38 931	15.3	0.99

通过上述碳排放计算方法核算出长三角地区及其三省一市的碳排放量。2011—2021年长三角地区碳排放量整体呈现增长趋势,碳排放量从16 351万吨增长到20 781万吨,涨幅约27%,如图4.10所示。

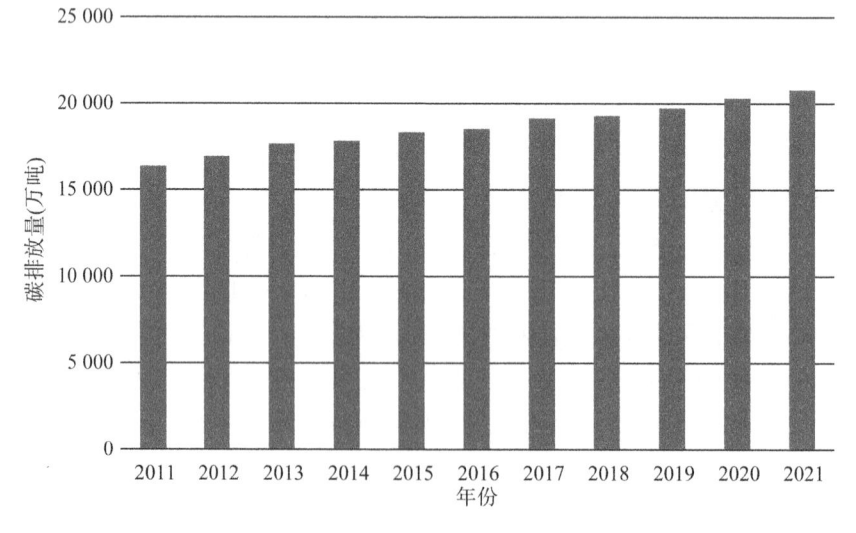

图 4.10 长三角地区碳排放量

2004—2019年，长三角地区经济总量发展较快，产业结构虽然实现了以第二产业为主导转向以第三产业为主导的转型，但第二产业占比仍然较大，且第三产业中交通运输业也会产生大量的碳排放量。同时，长三角地区人口规模逐年递增，城镇化率也逐年提升，人口规模的增加以及城镇化率的提升使得能源消耗较多，从而产生了大量的碳排放。碳排放量年增长率整体呈现下降趋势，可见碳排放的增长趋势有所减缓。

第5章

长三角生态工业园区减污降碳实践进展及成效

随着国家生态工业示范园区建设的推进,中国已经有一定数量的园区在开展生态工业园区建设,受资源禀赋、区位条件、经济发展水平、产业结构等多重因素影响,东部地区开展生态工业示范园区建设起步早、数量多。经过多年的发展,长三角生态工业园区在促进产业转型升级、资源循环利用、污染减排等方面取得了积极成效,但因工业项目集聚、资源能源消耗及污染物排放量大,对区域生态环境的影响显著,工业园区的发展也相应地面临资源、能源及环境等诸多挑战。本章在总结长三角生态工业园区经济社会发展现状的基础上,分析了其在发展中面临的机遇和挑战,对园区二氧化碳排放量进行了现状评估,并探讨了园区低碳发展成效。

1 长三角生态工业园区经济社会发展现状

1.1 长三角生态工业园区建设历程

生态工业理念被引入中国后,原国家环保总局于2000年开始推动生态工业园区建设,2007年,原环保部、商务部、科技部联合加强对国家生态工业示范园区的建设,中国已经有一定数量的园区在开展生态工业园区建设。受资源禀赋、区位条件、经济发展水平、产业结构等多重因素影响,东部地区开展生态工业示范园区建设起步早、数量多,中西部地区的示范园区建设滞后于东部地区,存在区域发展不平衡现象。截至2021年,长三角区域共有国家生态工业园区40个(如表5.1所示),占全国总数的60%,其中江苏省26个,占比65%,是三个区域中生态工业园区最多的,浙江省和上海市都是7个,各占比17.5%。这些园区在污染减排、基础设施建设、产业结构优化、建筑节能、能源效率提升、固废管理以及水资源管理等领域开展了广泛的实践和探索,并取得了积极的成效。下文以苏州工业园区、锡山经济技术开发区、杭州经济技术开发区、上海金桥经济技术开发区为例,介绍生态工业园区建设历程。

表 5.1 长三角生态工业园区一览表

序号	省、直辖市	园区
1	江苏	苏州工业园区
2		苏州高新技术产业开发区
3		无锡国家高新技术产业开发区
4		昆山经济技术开发区
5		张家港保税区
6		扬州经济技术开发区
7		南京经济技术开发区
8		常州钟楼经济开发区
9		江阴高新技术产业开发区

续表

序号	省、直辖市	园区
10	江苏	徐州经济技术开发区
11		南京高新技术产业开发区
12		常州国家高新技术产业开发区
13		常熟经济技术开发区
14		南通经济技术开发区
15		江苏武进经济技术开发区
16		武进国家高新技术产业开发区
17		南京江宁经济技术开发区
18		扬州维扬经济开发区
19		盐城经济技术开发区
20		连云港经济技术开发区
21		淮安经济技术开发区
22		国家东中西区域合作示范区
23		昆山高新技术产业开发区
24		吴中经济技术开发区
25		锡山经济技术开发区
26		张家港经济技术开发区
27	浙江	杭州经济技术开发区
28		杭州湾上虞经济技术开发区
29		嘉兴港区
30		嘉兴经济技术开发区
31		温州经济技术开发区
32		宁波经济技术开发区
33		宁波高新技术产业开发区
34	上海	上海金桥经济技术开发区
35		上海漕河泾新兴技术开发区
36		上海化学工业区
37		上海闵行经济技术开发区
38		上海市工业综合开发区
39		上海市市北高新技术服务业园区
40		上海市莘庄工业区

(1) 苏州工业园区建设历程

苏州工业园区隶属江苏省苏州市,位于苏州市城东,地处中国沿海经济开放区与长江三角洲经济发展带交会处,东至沪西、西至苏州市东环路、南至吴淞江、北至阳澄湖。1994年经国务院批准设立,同年5月实施启动,行政区划面积278平方公里,其中,中新合作区80平方公里,是中国和新加坡两国政府间的重要合作项目,被誉为"中国改革开放的重要窗口"和"国际合作的成功范例"。园区于2004年通过原国家环境保护总局(现生态环境部)批准建设国家生态工业示范园区,2008年通过验收命名成为首批"国家生态工业示范园区"。2017年以"优秀"的成绩顺利通过原环境保护部、科技部、商务部组织的国家生态工业示范园区复查评估。

2021年,苏州工业园区实现地区生产总值3 330.3亿元,规上工业总产值6 345.5亿元,城镇居民人均可支配收入8.591万元。截至2021年底,累计有效期内国家高新技术企业超2 133家,累计培育独角兽及独角兽(培育)企业137家、科技创新型企业9 000多家,累计评审苏州工业园区科技领军人才项目2 285个,累计建成各类科技载体超1 000万平方米、公共技术服务平台43个。2021年,苏州工业园区在经济密度、创新浓度、开放程度上跃居全国前列,在商务部公布的国家级经开区综合考评结果中,苏州工业园区连续六年(2016、2017、2018、2019、2020、2021年)位列第一,并跻身建设世界一流高科技园区行列,是首批"国家生态工业示范园区""国家新型工业化产业示范基地""国家知识产权示范创建园区",以及全国唯一的"国家商务旅游示范区"和"国家服务贸易创新示范基地"。

(2) 锡山经济技术开发区建设历程

锡山经济技术开发区位于无锡市东部,始建于1992年,1993年被批准为省级经济开发区,2008年通过验收命名成为首批"国家生态工业示范园区"。2011年,国务院正式批准锡山经济技术开发区为国家级经济技术开发区。园区于2015年通过原生态环境部批准建设国家生态工业示范园区。

锡山经济技术开发区直接管辖面积为西区+东区共79.38平方公里。2021,开发区全年完成地区生产总值905.7亿元,规上工业总产值1 724.3亿元。锡山经济技术开发区以建设"无锡靓丽东大门、品质活力新锡山"为总定位,贯穿"西区二次开发、宛山湖生态科技城建设、战略产业集聚、改革创新赋能"四大主线,在建设具有国际竞争力的产业集群、具有全球竞争力的科创高地、具有长三角美誉度的未来新城上率先示范。2021年,企业已增长至500余家,行业类别主要以电气机械、汽车零部件、智能装备、新能源、电子信息为主,同时发展食品设备、生物医药、现代服务业,主要企业包括 NOK、法雷奥、吉兴汽车部件、鹰普中国、国泰精密等,一批企业已进入细分领域冠军行列。2021 年,锡山经济技术开发区在国家商务部 217 家国家级经开区综合发展水平考核评价中排名第 59 位。

(3) 杭州经济技术开发区建设历程

杭州经济技术开发区创建于 1990 年,1993 年被批准为国家级经济技术开发区,2008 年,开发区正式启动"创建国家生态工业示范园区"工程,2011 年获得原环保部、商务部、科技部联合发文关于同意创建国家生态工业示范园区的批复,2015 年被正式命名为国家生态工业示范园区。2019 年开发区顺利通过了国家生态工业示范园区的复评验收。

经过三十多年的发展,杭州经济技术开发区经历了轻化工业区和杭州综合性工业区的发展初期阶段、产业快速发展阶段和"建区"向"造城"转变的阶段,实现了园区的三次蜕变;目前已形成了工业园区、进出口加工区、沿江居住区三大功能区划,是全国唯一集工业园区、高教园区、综合保税区于一体的国家级开发区,行政管辖面积已达 104.7 平方公里。2021 年,杭州经济技术开发区地区生产总值首次突破 1 200 亿元,规上工业总产值历史性突破 3 000 亿元大关,工业产值、工业投资双双位列全市第一;数字经济核心产业占 GDP 比重超 10%,高新技术产业投资增长 52%,高技术产业实际利用外资占比超 40%;全省开发区综合考评排名第一,综合保税区全省排名第二,生物医药、航空航天两个万亩千亿平台考核位列全省十强,并成功入选全省首批高能级战略平台培育名单。杭州经济技术开发区投资环境综合评价连续三年位列国家级经济技术开发区十强,多年保持全省开发区首位,地位和影响力不断突显。

(4) 上海金桥经济技术开发区建设历程

上海金桥经济技术开发区是 1990 年 9 月经国务院批准成立的国家级经济技术开发区,前身为金桥出口加工区,是国务院批准的第一个国家级出口加工区,2013 年 7 月更名为上海金桥经济技术开发区(以下简称金桥开发区)。金桥开发区位于上海市浦东新区中北部,规划面积 27.38 平方公里,西连陆家嘴金融贸易区,北接外高桥保税区,南近张江高科技园区。2006 年,金桥开发区正式启动了国家生态工业园区的创建工作,经过五年的努力,2011 年 4 月,金桥经济技术开发区被正式命名为国家生态工业示范园区,是上海市国家级开发区中第一家国家生态工业示范园区。2016 年,金桥开发区顺利通过原国家环保部、商务部、科技部三部委组织的复验评审且名列同批次评审园区中的首位。

2021 年,金桥开发区实现工业总产值 2 699.01 亿元,总营收 9 066.77 亿元,税收收入208.63亿元,利润总额335.07亿元,整体经济发展势头稳中向好。"未来车""智能造""数据港"三大主导产业经济量占园区经济总量的比例逐年递增。金桥开发区作为上海国家级开发区中第一家成功创建的国家生态工业示范园区、上海第一家获得ISO14001环境管理体系认证的园区、第一家园林式生产性服务业园区、全国首个形成循环经济业态圈的开发区,始终秉持"绿色引领"的发展理念和探索生态环保的实践理念,成功获得国家级绿色工业示范园区、国家低碳工业园区评定。

1.2 长三角生态工业园区产业发展特征

近几年,长三角生态工业园区在产业结构优化领域开展了广泛的实践和探索,并取得了积极的成效。长三角生态工业园区产业以高端制造、信息技术、生物医院、现代服务业为主要发展方向,产业由传统制造向柔性化、智能化、高度集成化制造方向发展,产业能级进一步提升,园区共生产业链已初步形成,上下游产业链条突出。下面,以苏州生态工业园区、锡山经济技术开发区、杭州经济技术开发区、上海金桥经济技术开发区为例,介绍生态工业园区产业发展特征。

(1) 苏州生态工业园区产业发展特征

苏州工业园区产业发展定位为重点发展信息技术、高端装备制造、生物医药、纳米技术应用、人工智能五大相互融合的高端产业,同时服务业领域也突出工业园区的科技发展,形成创新人才荟萃、创新主体集聚、创新成果涌流、创新活力迸发、创新环境卓越的世界一流高科技园区,最终园区实现产业经济、城市服务、居住生活、生态绿色、文化精神等的有机融合,成为魅力园区、韧性园区、智慧园区、美丽园区、幸福园区和平安园区。从工业园区的产业发展规划来看,工业园区大力发展的产业均符合产业低碳发展的要求,所确定的信息技术、高端装备制造、生物医药、纳米技术应用、人工智能、科学技术服务等行业均属于低碳产业,在当前能源供应结构体系下的单位GDP碳排放强度为0.1~0.36吨二氧化碳/万元,优于工业园区的平均值。

苏州工业园区坚持先进制造业和现代服务业"双轮驱动",高标准建设国家生物医药技术创新中心、国家第三代半导体技术创新中心、材料科学姑苏实验室等重大科技创新平台。2021年,苏州工业园区优化发展电子信息、装备制造业等主导产业,进一步壮大发展生物医药、纳米技术、云计算等战略性新兴产业。从"工业经济""制造经济"向"服务经济""智力经济"转变,打造具有国际竞争力的先进产业高地,建设生态工业园区。

2021年,园区实现高新技术产业产值3 130.50亿元,占规上工业总产值的比重为49.3%。以新一代信息技术、高端装备制造两大主导产业和生物医药、人工智能、纳米技术应用三大特色新型产业为主的"2+3"特色产业体系逐步形成,产业结构不断得到优化。

(2) 锡山经济技术开发区产业发展特征

锡山经济技术开发区共有主要企业437家,行业类别主要以电气机械、汽车零部件、智能装备、新能源、电子信息为主,同时发展食品设备、生物医药、现代服务业。开发区着力做强以高端PCB和电子元器件为重点的电子信息产业、以智能成套设备为重点的高端装备产业、以汽车和航空零部件为重点的精密机械产业等特色优势产业集群,重点打造以设计和设备为重点的集成电路产业、以医疗器械为重点的生物医药与医疗器械产业、以AI技术应用为引领的智能制造(人工智能)产业、以智能传感和Micro LED技术为主导的光电信息产业四大新兴产业集群,发展高端纺织服装产业、现代商贸业……

在生态工业园建设过程中,开发区积极进行行业间的产品交换并壮大规模,通过吸引有利于形成生态链的企业入区,围绕核心企业,积极引进上下游配套企业和静脉企业,通过产品流和少量的废物流,共同构成开发区生态工业链网。

(3) 上海金桥经济技术开发区产业发展特征

金桥开发区历经4次蝶变,从出口加工到传统制造业,从传统制造业到制造业与生产性服务业,经历两轮驱动,再到以先进制造业与现代服务业融合的高端产业体系,从最初的汽车与零部件、电子信息、白色家电、生物医药及食品传统五大支柱产业,逐步转型升级为未来车、智能造、大视讯三大硬核产业,完成"金桥加工→金桥制造→金桥智造"的演变。

"十四五"时期,金桥开发区将围绕"金色中环发展带"再次蜕变,由产业园区向综合型城区转型,按照《自贸试验区金桥片区发展"十四五"规划》,提出建设"金桥智造城"的总体目标,聚焦打造"数字技术高地、高端智造样板、转型升级典范、产城融合标杆",为我国经济开发区转型升级提供"金桥方案"。

1.3 长三角生态工业园区建设成效分析

经过多年的发展,长三角生态工业园区在促进产业转型升级、资源循环利用、污染减排等方面取得了积极成效。

(1) 构建生态产业共生体系,经济发展质量不断提升

长三角生态工业园区发挥生态环境保护的引导和倒逼作用,持续改善环境质量,促进经济绿色转型。工业园区通过实施绿色招商,淘汰落后产能,限制高能耗、高污染项目审批,积极发展节能环保低碳技术和高新技术产业,逐步完善

生态产业链,国家生态工业示范园区建设规划实施后,每个园区平均新增的生态工业链项目达到9项,高新技术企业工业总产值占园区工业总产值的比例达到50.3%。苏州高新区坚持以循环经济和生态工业理念为指导,全力培育和发展新一代信息技术、轨道交通、医疗器械、新能源、地理信息五大战略性新兴产业,进行电子信息、装备制造业2个主导产业的转型和升级,构建了苏州高新区"5+2"产业发展体系,通过企业、行业以及园区不同层面生态工业链网的构建,以实现区内资源、能源高效利用和污染物产排最小化的目标。目前,已新增多个生态工业链网项目,如华能热电二期天然气热电联产项目、电子信息产业线路板生产资源回收生态工业链等。

(2) 资源、能源节约利用,产出效率不断提升

长三角生态工业园区对高资源消耗的新建项目严格把控准入关,实施节能改造工程,推广节能技术,能源综合利用水平不断提升,单位工业增加值综合能耗平均为0.25吨标煤/万元,低于全国平均水平。上海化学工业区大力实施能源结构优化调整和技术改造,实施能量梯级利用、能源分项计量管理、绿色照明等重点工程,推动企业开展碳排放监测、碳排放报告、第三方核查和碳排放交易,主导产业如乙烯、烧碱单耗达到世界先进水平,成为化学工业绿色低碳发展的引领者。

在水资源利用方面,生态工业园区建立水资源梯级、循环利用模式,在保持经济快速发展的同时,实现了水资源的高效集约利用,单位工业增加值新鲜水耗平均为5.5立方米/万元。张家港保税区利用工业园区综合污水作为水源,生产纯水级别的除盐水,向园区企业供水并实现零排放目标。项目使用UF+RO+EDI工艺处理化工园综合工业废水,生产高等级工业用水以及除盐水,并利用SWRO+蒸发脱盐工艺对项目产生的浓水进行脱盐处理,做到污水零排放。

此外,生态工业园区积极探索土地资源集约利用方式,针对土地资源紧张的问题,通过土地二次开发、共同开发等新方式促进低效闲置土地的处置利用,有效提高了土地资源利用效率,单位工业用地面积工业增加值平均达到24亿元/平方公里。南通经济技术开发区大力实施以低效用地整治、沿江空间腾退为主要内容的空间再造行动,累计签约腾退土地超6 000亩,已腾出净地2 700亩;实现化工园区整合提升,逐步关闭长江一公里以内的化工北区,着力推动企业签订南迁协议,致力于打造绿色转型、安全发展、效益突出的一流化工园区。2018年,面积仅3.31平方公里的上海市市北高新技术服务业园区,其园区企业总营收达2 006亿元,总税收达95亿元,经济产出密度和数智集聚强度位于全

国前列。

（3）污染物排放量逐年下降，园区环境质量稳步改善

长三角国家生态工业园区不断加大环保基础设施和生态建设投入，大力实施清洁生产，发展循环经济，创新环境治理方式，全面推进污染物减排。苏州工业园区开展环境综合治理托管服务模式试点，整合危废、废气等多污染物治理领域，实现了污水、污泥、餐厨垃圾等多要素污染物的协同治理。常州国家高新技术产业开发区加快产业结构升级步伐，大力实施园区循环化改造，资源、能源消耗强度持续降低，废物综合利用效率不断提升，园区绿色、低碳、循环化发展水平整体迈上一个新台阶。锡山经济技术开发区结合现状及环境质量目标，制定开发区污染物排放总量管控措施，主要包括落后产能淘汰、环境基础设施完善、重点企业减排降碳等，进一步推进各行业清洁化生产水平提高，全面执行大气污染物特别排放限值，不断推进重点行业提标改造，提高监测监控管理水平。

生态工业园区以较小的环境负荷产生了显著的经济效益，有效缓解了区域发展面临的资源环境压力。工业园区空气优良率明显提升，PM_{10}、$PM_{2.5}$ 平均浓度逐年下降，水环境质量逐年优化，黑臭水体基本消除，厚植了绿色发展的底色。

1.4 长三角生态工业园区发展过程中面临的挑战

长三角生态工业园区发展过程中面临的挑战随发展阶段不同而逐步变化。以工业园区为载体的工业化是推动城镇化发展的有效途径，但工业化的过程也付出了很大的环境代价。工业园区因工业项目集聚，资源、能源消耗及污染物排放量大，对区域生态环境的影响显著，工业园区的发展也相应地面临资源、能源及环境等诸多挑战。作为新一代信息技术的创新高地和对外开放的前沿阵地，长三角生态工业园区已率先进入了产业布局调整压力加大、风险、矛盾、隐患增多的阵痛期，也率先进入了经济结构优化、动能加快转换的过渡期，更率先进入了城乡统筹发展、资源全域整合的磨合期。为全面建成高水平小康社会、实现"高质量发展领跑者"目标，需要进一步协调经济发展与生态环境保护之间的关系。工业园区如何处理好经济发展与节约资源、保护环境的关系，推进绿色发展、低碳发展和循环发展，是园区建设中始终要紧绷的一根弦。

（1）要素瓶颈日益凸显

长三角生态工业园区在发展过程中，由于污染防治手段及环境管理能力未跟上园区经济发展的步伐，工业园区一度成为高污染、高能耗区域的代名词，因此工业园区环境问题常在新闻中被曝光，由此引发的社会矛盾也时有发生。当

前,长三角生态工业园区发展面临着资金、土地、环境等一系列资源要素的制约,特别是存在新增工业用地不足、环境容量趋于饱和、企业用工问题突出等方面的问题,在一定程度上削弱了园区发展的竞争力。总体上,存量污染严重、生态成本透支、环境承载能力已达或接近上限的问题较为突出。

(2) 环境质量成效尚不稳固

近年来,随着雾霾天气范围扩大,环境污染矛盾突出,资源约束日趋紧张,生态系统加速退化,气候变化的威胁日益凸显。通过大力实施环境整治和污染防治工程,长三角生态工业园区污染物排放总量得到有效控制并逐年减少,但空气质量仍不够理想,区域环境质量有待提高。

出现这一问题的主要原因有三个。一是客观因素影响,空气质量容易受秋冬静稳天气增多、输入性雾霾、机动车尾气和监测站点周边施工等影响。考核断面受上游其他地区水质影响,还受到下游筑坝等不利影响,个别考核断面短期内很难实现稳定达标。二是源头整治难度大,大气、水环境各项整治工作都在推进中,但排查不全面、个别企业不配合、推进不迅速、质效待提高。三是成效不明显,生态环境整治是渐进性、潜移默化的过程,大量的工作不能直接对空气、水资源指标产生影响。

(3) 土地资源利用效率有待提升

目前,长三角生态工业园区项目落地的空间制约要素依然突出,指标齐全、可直接利用的土地空间较为有限,另外,载体资源与项目需求不匹配的问题也较为明显。大部分园区建设、开发强度较高,可利用地较少,在"二次创业"中较难获得新增建设用地。园区在低效土地清退工作中缺乏系统的规划和规范的执行,如闲置土地、劣质企业用地的判定标准有待明确统一,各类土地清退、整顿方式有待区分,土地资源盘活再利用有待进一步优化等。此外,部分园区主要用地仍为工业用地,用地融合度低,且二三类工业用地占比高,容易对居住地和公共设施的布局、建设带来一定干扰和污染,加大了打造人居生态环境的难度。

(4) 城市功能仍需完善

长三角生态工业园区在规划层次、城市功能、品位形象等方面还有较大提升空间,部分片区商务、生活、居住等配套设施还不够完善,社会事业发展还不够均衡,产城融合程度不高,城市建设对产业发展的支撑作用还有待增强。

2 长三角生态工业园区二氧化碳排放量现状评估

2.1 工业园区二氧化碳排放特征

工业园区是由政府根据国家经济发展内在要求划定的,聚集各种生产要素,专供工业设施设置和使用的企业的聚集地。工业园区的碳排放量与聚集企业的生产类型、园区产业结构、产业规模等各项因素挂钩。但通常而言,多数工业园区碳排放都具备如下几个特点。

(1) 碳排放的主要来源是工业生产企业

工业园区的主体可以分为工业生产企业、配套服务企业以及相关管理机构。在传统生产模式中,工业生产企业在生产过程中会产生大量的碳排放。随着产城融合发展理念的推广,许多工业园区逐渐走上了城镇化道路,实现了与居民的共存共荣。随之而来的是,碳排放的主体也延伸至工业园区的服务业、居民生活等领域。当然,相较于工业生产企业,园区的服务产业和居民生活所产生的碳排放较少,还不足以撼动工业企业的主体地位。在工业园区,减排的重点对象依旧是工业生产企业。

(2) 碳排放主要源自能源活动

根据《2006年IPCC国家温室气体清单指南》及《省级温室气体清单编制指南》,在不考虑碳汇的情况下,工业园区的碳排放源主要包括能源活动排放、工业生产过程排放以及废弃物处理排放。其中能源活动排放占据工业园区碳排放的大头,囊括了电力消耗排放、热力排放等,高居整体碳排放的70%以上。随着工业化的不断推进,工业企业的能源消费呈现逐年上升趋势,其中电力消费提升明显,不断提高的工业企业电力消费会致使间接产生的碳排放逐渐升高。

(3) 碳排放气体主要是二氧化碳

根据《联合国气候变化框架公约》等规定,目前国际上普遍认可的人类活动导致的温室气体主要包括二氧化碳、甲烷、六氟化硫、氢氟碳化合物等,而多数工业园区在碳排放过程中产生的温室气体几乎涵盖了上述的全部种类。随着生产工艺的改良和创新,六氟化硫这类保护性气体逐渐从工业生产中消失,二氧化碳以绝对的数量优势占据了工业企业的碳排放大头。

2.2 长三角生态工业园区二氧化碳排放分析

表 5.2 统计了 2021 年长三角生态工业园区二氧化碳排放情况。

表 5.2 长三角生态工业园区二氧化碳排放情况

序号	省、直辖市	园区	碳排放量（万吨）	单位工业增加值碳排放（吨/万元）
1		苏州工业园区	1 308	0.88
2		苏州高新技术产业开发区	441	0.58
3		无锡国家高新技术产业开发区	359.1	0.89
4		昆山经济技术开发区	356.07	0.28
5		张家港保税区	429	1.56
6		扬州经济技术开发区	787.1	2.39
7		南京经济技术开发区	197.8	0.25
8		常州钟楼经济开发区	58.9	1.11
9		江阴高新技术产业开发区	467	1.06
10		徐州经济技术开发区	504.8	0.83
11		南京高新技术产业开发区	46.3	0.76
12		常州国家高新技术产业开发区	99.14	0.28
13	江苏	常熟经济技术开发区	1 122	1.80
14		南通经济技术开发区	910.58	1.86
15		江苏武进经济技术开发区	24.82	0.47
16		武进国家高新技术产业开发区	89.85	0.34
17		南京江宁经济技术开发区	178.5	0.23
18		扬州维扬经济开发区	24.34	0.11
19		盐城经济技术开发区	163.7	0.93
20		连云港经济技术开发区	92.22	0.29
21		淮安经济技术开发区	88.8	0.63
22		国家东中西区域合作示范区	367.05	4.76
23		昆山高新技术产业开发区	404	0.42
24		吴中经济技术开发区	267.94	0.13
25		锡山经济技术开发区	196.63	0.41
26		张家港经济技术开发区	55.05	0.57

续表

序号	省、直辖市	园区	碳排放量（万吨）	单位工业增加值碳排放（吨/万元）
27	浙江	杭州经济技术开发区	200.18	0.4
28		杭州湾上虞经济技术开发区	338.29	1.18
29		嘉兴港区	461.89	2.21
30		嘉兴经济技术开发区	221.03	0.56
31		温州经济技术开发区	172.97	0.63
32		宁波经济技术开发区	3 994.44	1.97
33		宁波高新技术产业开发区	121.48	0.36
34	上海	上海金桥经济技术开发区	110.08	0.037
35		上海漕河泾新兴技术开发区	45.2	0.2
36		上海化学工业区	1052	1.1
37		上海闵行经济技术开发区	36.92	0.034
38		上海市工业综合开发区	45.79	0.32
39		上海市市北高新技术服务业园区	5.6	0.09
40		上海市莘庄工业区	115.75	0.107

注：数据来源于各工业园区《生态工业园碳达峰碳中和实施路径专项报告》，基准年2020年。

二氧化碳排放量最大的为宁波经济技术开发区，宁波经济技术开发区为推进开发区整合发展，将宁波开发区与北仑行政区深度融合，整合后面积约615平方公里，在二氧化碳排放量统计中，宁波经济技术开发区二氧化碳核算范围广，故二氧化碳排放量较大。2020年，宁波经济技术开发区碳排放量为3 994.44万吨，其中能源活动产生的碳排放量为3 592.23万吨，占比达到89.9%；其次为工业生产过程中产生的碳排放量为349.97万吨，占比为8.8%（见图5.1）。而在能源活动部分，碳排放主要来源于电力行业、工业和交通运输，占比分别为51.5%、30.4%和7.5%。从各行业碳排放来看，北仑区碳排放重点行业集中在电力行业、钢铁行业和化学行业，占总碳排放量的比例分别为64.3%、18.4%和12.7%。

二氧化碳排放量第二的是苏州工业园区，苏州工业园区行政区划面积278平方公里，园区优先发展电子信息、装备制造业等主导产业，发展壮大生物医药、纳米技术、云计算等战略性新兴产业，园区经济体量大，能源消耗大，导致其二氧化碳排放量较大。苏州工业园区2015—2020年碳排放总量总体呈现缓慢上升趋势（见图5.2），园区碳排放总量（未含土地利用变化和林业）由2015年的1 192.03万吨上升至2020年的1 308.90万吨，碳排放总量累计增量

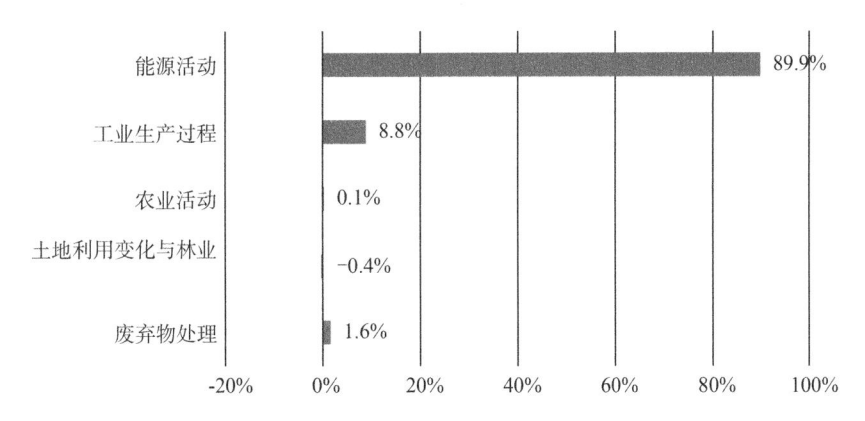

图5.1 宁波经济技术开发区各部分碳排放占比情况

- 能源活动：89.9%
- 工业生产过程：8.8%
- 农业活动：0.1%
- 土地利用变化与林业：-0.4%
- 废弃物处理：1.6%

116.87万吨，较2015年上升9.80%，年均增长率1.89%。园区碳排放总量（含土地利用变化和林业）总量由2015年的1 191.89万吨上升至2020年的1 308万吨，碳排放总量累计增量116.11万吨。从碳排放来源方面分析，苏州工业园区2015—2020年碳排放主要来源包括能源活动排放、工业生产过程排放和废弃物处理排放，且均呈现上升趋势。其中能源活动排放占总排放量的98%左右，工业生产过程排放占总排放量的1.4%左右，废弃物处理排放占总排放量的0.6%左右。此外，能源活动2020年总排放量相比2015年上升9.19%。能源活动排放主要包括化石燃料燃烧排放和电力调入调出排放，2020年电力调入调出排放占能源活动排放的60.63%，相比2015年增加35.69%，2020年化石燃料燃烧排放占能源活动排放的39.37%，相比2015年下降16.06%。

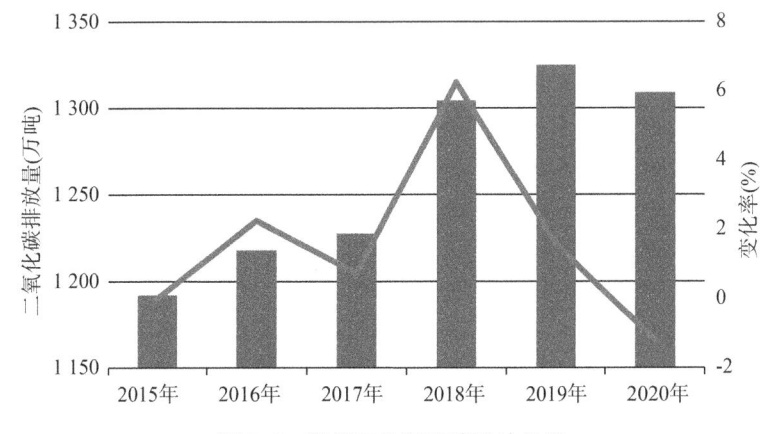

图5.2 苏州工业园区碳排放总量

一个地区的碳排放强度反映了地区经济发展对高碳资源的依赖程度,从表5.2可知,碳排放强度最大的生态工业园区为国家东中西区域合作示范区。第一,国家东中西区域合作示范区能源消费结构以煤炭为主、电力和石油产品为辅,示范园区以化工、石化行业为主,化工、石化行业属于"两高"行业,其本身的高能耗特性决定了其高排放的特点。第二,这两个行业由于生产工艺的特点,生产过程中还存在碳排放,碳排放与产业具有强正相关性。从图5.3可以看出,2016—2021年生态工业园区碳排放呈现先增后减再增的趋势,2021年达到最大值,2021年碳排放量相比2016年上升约228%。根据示范区"十四五"发展规划纲要总体目标,到2030年,示范区成为江苏沿海经济增长极、高质量发展增长极,建成开放型经济示范区、体制机制创新示范区。石化基地及拓展区产业全部建成投产,基本具备4 000万吨级炼油、超1 000万吨制烯烃规模,石化行业实现应税销售收入约6 800亿元;形成完善的现代化产业体系、完备的产业链和强大的产业集群,经济社会发展水平实现重大突破,累计完成产业投资超8 000亿元,其中外商投资占比20%以上,实现工业应税销售收入8 600亿元,能源、港口、物流贸易和服务配套等产业营收达到2 500亿元以上,基本建成万亿级产业集群,成为江苏沿海经济重要增长极;对外开放水平显著提升,外贸进出口超200亿元,外商投资超30亿美元,全面建成"世界一流港口",实现"碳达峰",向"碳中和"目标迈进;示范区位列国内化工园区30强第二名,在建成世界一流石化产业基地的基础上,进一步增强和巩固国际影响力与竞争力。可以预见"十四五"时期园区碳排放量将进一步增大。

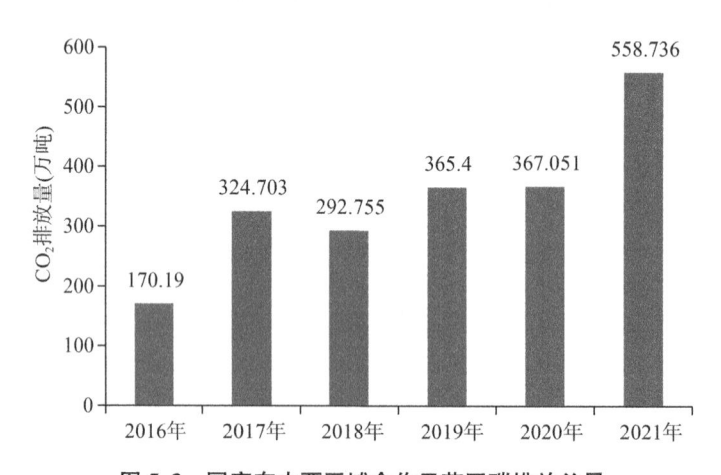

图5.3 国家东中西区域合作示范区碳排放总量

3 长三角生态工业园区低碳发展成效分析

长三角生态工业园区积极顺应新发展格局,抢抓长三角高质量一体化战略机遇,不断巩固、提升低碳发展优势,为积极应对气候变化,推动实现碳达峰、碳中和目标做了大量工作,比如,构建清洁能源格局、推动产业绿色低碳发展、完善低碳基础设施建设、创建绿色低碳示范园区等,低碳工作取得明显成效。

3.1 优化能源结构,构建清洁低碳格局

长三角生态工业园区积极发展清洁能源,构建清洁低碳格局,以节能增效为重点,加大节能减排力度,如拆除园区内燃煤锅炉、推广工业企业余热余压利用、规划集中供热等。

武进国家高新技术产业开发区拆除园区内燃煤锅炉,实现园区内燃煤锅炉的全面淘汰;完成江苏武进出口加工区、江苏顺风光电科技有限公司、晶品光电(常州)有限公司等工业厂房建筑屋顶的太阳能光伏电站建设,提高非化石能源利用率。有别于传统太阳能光伏发电示范项目,以上企业所发电量由企业自发自用,余电用于上网,真正实现了减排惠及园区的初衷。

苏州高新技术产业开发区彻底淘汰非电煤炭消费。2020年非电煤炭已降为0,区域节能降耗水平得到显著提升。清洁能源产业大力发展,可再生能源使用比例为0.5%,以天然气为主的清洁能源使用率约50%,使苏州高新技术产业开发区成功跻身首批全国绿色园区。国网(苏州)城市能源研究院正式落户,高标准、高要求限制高耗能企业、产业发展,并持续做好"263"行动,减煤、减化专项工作和"四个一批"专项行动等相关工作,有序推动年度能耗减排目标实现。

嘉兴港区充分挖掘工业企业余热余压、污水处理设施沼气能源的梯级利用潜力。自2018年起,嘉兴石化有限公司、浙江美福石油化工有限责任公司和浙江嘉福新材料科技有限公司通过使用余热余压技术,累计节约能源177万吨折标煤。2021年节约能源56万吨折标煤,大幅提高能源利用效率。鼓励推进氢能产业发展、光伏发电建设,在交通领域积极推广氢能、太阳能等新能源的使用。开展港口船舶岸电使用改革,投入使用LNG清洁能源车,推广出租车"油改气"。通过以上措施有效提高新能源在能源消费结构中的占比,优化能源结构。

上海市莘庄工业区2013年引进了华电闵行"热电冷"三联供项目,这是我国

第一个真正实现三联供的区域分布式能源项目,也是上海市第一个区域性清洁替代项目。投入生产以来,华电闵行每年的发电量和供热逐年增加,向园区和周边用户提供集中供热、供冷、卫生热水等服务,可以满足60余家企业用户不同的能源需求。项目实施后,清洁能源替代了莘庄工业区及周边区域150多台自备燃煤锅炉,经测算,该项目每年节约煤炭14.9万吨,减少二氧化碳排放37.1万吨。

3.2 优化园区产业结构

长三角生态工业园区启动建设较早,并一直处于滚动开发过程中,园区内存在一些老旧企业及落后产能。近几年,园区积极实施"腾笼换鸟"战略,深入推进"三高两低"企业整治工作,加快淘汰落后产能、设备、工艺和技术,推动化工等重污染企业搬迁、关闭,积极化解产能过剩,实现从传统制造业向高端制造业演进。

南京江宁经济技术开发区全面推进产业优化转型升级,构筑了特色鲜明的"3+3+3+1"产业体系,围绕绿色智能汽车、新一代信息技术、智能电网、航空临空四大优势产业,着力打造"全省第一、全国前列、全球知名"的产业地标。其中,绿色智能汽车产业有上汽大众、长安马自达、长安新能源等整车制造企业,集聚塔塔、法雷奥等120多家配套企业,基本形成研发设计、零部件生产、发动机制造、整车制造和物流营销的完整产业链,有全省最大的汽车整车制造基地;智能电网产业规划了7.7平方公里的智能电网产业园,拥有南瑞集团、国电南自、ABB等为代表的130多家智能电网企业,获批"全国智能电网产业知名品牌创建示范区",是全国同级别区域中智能电网产业集聚度最高的园区;新一代信息技术产业形成了以爱立信、菲尼克斯、金智科技为代表,以新型显示、新一代无线通信及集成电路等为方向的产业集群,承建了全省首个、全国信息通信领域唯一一个国家重大科技基础设施项目——CENI;高端装备制造产业,形成了航空制造、智能制造等重要发展方向,其中航空制造领域,集聚了以中航派克、中国航空工业集团609所、中国航发、中航机电等为代表的50多个龙头项目;智能制造领域,集聚了埃斯顿、科远自动化等100多家企业,打造了江苏省高档数控机床及智能装备制造业创新中心等创新平台,建成省级智能车间15家、市级智能工厂14家,位居南京首位;此外,软件及信息服务产业汇聚了甲骨文、思杰、中兴软创等各类软件企业500多家,形成云计算、信息安全、电子商务、工业机器人应用等软件体系。

上海漕河泾新兴技术开发区(以下简称漕河泾开发区)能源利用效率在产业转型中稳步调整,产业与能源结构趋于合理,电子信息、新材料、生物医药、高端装备、环保新能源、汽车研发配套六个主导行业单位产值能耗呈逐年降低趋势。

进入21世纪,随着传统制造业逐渐退出上海市区,漕河泾开发区的产业结构也发生变化。写字楼开始代替老厂房,吸引智慧型、轻资产的研发企业进驻。借助电子信息产业根基,漕河泾开发区立足高端芯片和智能硬件研发,形成了以新一代信息技术为先导,人工智能为核心的产业创新极。从传统的微电子到集成电路、人工智能等先导产业,漕河泾开发区通过引导大数据、云计算、人工智能等融合性数字产业协同发展,集聚了腾讯、微软、商汤、安谋、依图、字节跳动等一批世界500强企业和独角兽企业,形成了上游算法与下游应用双向支撑的产业生态。

杭州经济技术开发区按照"大项目—产业链—产业集群"的思路,借力大进科技、辉瑞生物制药、安控科技、传云物联网等10个重点工业项目的开工建设,积极引导同类优势产业向园区集聚,完善食品饮料、装备机械、电子信息、生物医药等生态产业体系。"点、线、面"共同推进,构建稳定的循环经济产业体系。开发区从企业内部小循环("点")入手,实施华丝夏莎、锦锋实业的中水回用项目;逐步构建企业间的循环链接("线"),推进实施联投能源公司的"集中压缩空气站"项目,顺利为娃哈哈下沙基地通气;完善全社会大循环("面"),形成产业间横向资源共享的生态链接体系。目前开发区集聚集成电路产业相关上下游企业60多家,涉及半导体原材料、设备、IC设计、晶圆制造、封装测试及终端产品等各个领域。

温州经济技术开发区积极整合、提升传统产业,大力培育高端新兴产业和现代服务业,重点培育高端装备制造、汽车、电子信息、现代物流等四大产业以及建设汽车时尚小镇,形成以"四大产业+特色小镇"为主导的产业发展格局,并将水暖洁具、食品药品机械、民用电器等特色产业建成开发区的"国字号"名片。开发区不断推进重污染行业整治,优化区域布局,深化污染防治能力,实现了节能减排和行业转型升级的双突破,形成了产业链完整、分工合理、布局优化、特色鲜明、竞争力强的现代产业集群。同时开发区积极发展服务业,建立生产服务型现代物流基地,集聚顺丰、德邦、邮政、圆通、申通等多家知名第三方物流企业自营配送物流中心,已形成以航空物流、道路物流、产业集群物流、城乡配送和快递物流为发展重点的现代物流业。

3.3 完善园区低碳基础设施建设

长三角生态工业园区在发展中充分认识到基础设施建设对长远发展的重要性,在低碳交通、建筑等领域积极完善低碳基础设施建设。

武进国家高新技术产业开发区所有路灯均设置LED路灯,建设了一处大型电动汽车充电站,引进了纯电动汽车,又建设了太阳能公交候车亭,对公交站台的灯箱进行了 LED 改造,一批绿色低碳配套设施都已投运。另外,开发区引进公交微循环、美团共享单车、电动车项目,也使得园区居民与企业员工出行"最后一公里"问题得到有效解决。

苏州工业园区全面履行《江苏省绿色建筑发展条例》要求,严格落实《苏州工业园区绿色建筑工作实施方案》,在绿色建筑设计、建设、营运阶段实施全过程低碳管理,对各环节实行全过程闭合监管,确保竣工项目符合节能设计标准。同时积极推进各级可再生能源、新能源应用,住宅建筑顶部设置太阳能热水系统,大型公共建筑采用太阳能热水系统、太阳能光伏系统、地源热泵等可再生能源设备。园区目前各类项目共获得 172 个绿色建筑认证标识,城镇新建建筑中绿色建筑所占比重达 100%。

吴中经济技术开发区建设省级建筑节能和绿色建筑示范区,苏州吴中太湖新城省级建筑节能和绿色建筑示范区通过验收,在高星级绿色建筑、区域能源站、地下空间综合利用、住宅全装修等方面特色鲜明。此外,开发区运营能源智慧管控中心(以下简称能源中心),能源中心紧邻未来太湖新城核心区,能源站作为能源中心重要的功能组成部分,位于能源中心地下一层及其夹层,主要为机电设备工艺系统。它是区域内大型综合能源站,可制取冷水、热水,满足核心区全部用户的能源需求,同时发电自用。

上海市工业综合开发区严格落实公共建筑绿色节能要求,2017 年建成的凤创谷中小企业孵化基地顺利通过绿色建筑二星级认证,起到了良好的标杆示范作用。此外,开发区积极布局光伏项目,已落地上海晶澳太阳能科技有限公司光伏项目、上海艾力克新能源有限公司星屋顶光伏项目、374 千伏峰值分布式光伏发电项目、先锋高科技有限公司 2 000 千瓦分布式光伏发电项目等 4 个光伏发电项目。

3.4 创建绿色低碳示范园区

长三角生态工业园区秉承"生态、智能、融合、示范"的发展理念,在区内打造"零碳"工厂,积极参与碳技术前沿研究,提供技术平台,创建绿色示范园区,引进多项具有开创意义的技术,破解发展难题,为未来产业发展提供更为广阔的空间,致力于"零碳"园区发展。

无锡国家高新技术产业开发区设立无锡零碳科学技术产业园,以集聚"零碳"技术产业、实现能源数字化和智能化、构建运营管理服务平台、打造"零碳"商务区试点示范、建设低碳社区作为重点领域,全面促进"零碳"技术产业化,优化区内能源和打造低碳综合管理体系,搭建技术领先的服务平台,探索"低碳""近零碳""零碳",甚至"负碳"技术的创新试点示范。

苏州工业园区制定《苏州工业园区绿色发展专项引导资金管理办法》文件,推动园区节能、低碳、循环、绿色发展,支持方向包括绿色发展能力建设项目、重点用能单位绿色发展目标责任考核奖励、绿色发展重点扶持项目等,"十三五"时期累计支持项目500余项,奖励项目数量和奖励资金均呈现上升趋势,百余家企业进行节能项目改造,实现累计节能量近10万吨标煤。在2020年绿色发展专项引导资金补贴中,主要为节能技改项目补贴,占比38.83%,其次为能力建设项目补贴,占比为25.81%,分布式光伏项目补贴,占比18.07%。"十三五"时期园区企业积极参与"创绿"行动,友达光电、通富超威、尚美等18家企业入选国家/省级绿色工厂、国家绿色供应链等名单,尚美成为欧莱雅集团亚太及中国区的首个"零碳"工厂。

国家东中西区域合作示范区成功创建中国绿色化工园区和中国智慧化工园区,示范区建立了世界一流石化产业基地标准体系,大力开展大气、水污染防治攻坚专项行动,大大提升了新区产业发展服务保障能力;搭建了安全环保运行管控云平台和基于云计算、物联网与大数据的智慧园区安全运行管理平台,高标准建成具有国内领先水平的产业支撑保障体系,涵盖安全生产、生态环保、综合管网、封闭管理、全景监控、危化品管理等的全方位智能化体系,实施了一大批具有长远引领示范效应的重大产业支撑保障项目,成为全国第15家中国智慧化工园区、第13家中国绿色化工园区。

锡山经济技术开发区与上海交通大学合作共建的上海交通大学无锡碳中和动力技术创新中心,将致力于绿色碳中和动力关键共性技术研究开发、成果转化和人才培养,打造高端绿色碳中和动力产业,建成影响力辐射长三角、全国乃至全球的汽车和船舶碳中和动力技术研发机构,成为比肩美国西南研究院的汽车和船舶动力技术创新中心,成为我国汽车、船舶绿色碳中和动力技术的策源地。创新中心计划构建层次合理的"院士—专职研究员—高工—研究生"科研梯队,计划建成国际领先的碳中和动力技术中心、环保技术研发中心、测试和装备技术研发中心以及新能源动力技术研发中心,具备碳中和动力技术研发能力、机动车和船舶环保关键技术与装备开发能力、机动车排放测试和认证能力。上海交通大学无锡碳中和动力技术创新中心的成功落户,将进一步整合上海交通大学在碳中和动力技术领域的研发成果和前沿技术,吸引、集聚、培养一批国际一流人才,搭建具有国际先进水平的科技创新平台,完成科研技术成果转化的"最后一公里",加速推进碳中和动力技术产业向锡山集聚,助力锡山成为全国碳中和动力技术新高地。

上海闵行经济技术开发区推出了《上海闵行经济技术开发区"零碳示范园区"案例汇编》,其从 2021 年 7 月开始,实地深入每家企业,广泛收集自 2018 年以来(兼顾 2017 年)的优秀案例项目,通过层层筛选和分类编排,最终共收集录用了 40 余家企业的约 100 个项目,分为绿色低碳设计奠定"零碳"基础、智能化管理赋能"零碳"发展、节能减碳工程夯实"零碳"基础、新能源工程扛起"低碳"大旗、碳排放核算摸清"零碳"家底、碳交易金融助力"零碳"实现、碳中和规划支撑"零碳"目标、低碳文化建设营造"零碳"氛围 8 大主题,从设计、智能管理、节能降碳工程、新能源、碳核算、碳金融、碳达峰碳中和规划,再到碳文化,内容丰富,可供广泛借鉴。据不完全统计,这些项目的实施,可实现节电 3 245 万千瓦时/年、天然气 174 万立方米/年、柴油 246 吨/年、蒸汽 1 397 亿焦耳/年,减少二氧化碳排放约 3.4 万吨/年。

第6章

实证研究

南通经济技术开发区于1984年12月19日经国务院批准设立，是我国首批14个国家级经济技术开发区之一，辖区面积146.98平方公里。南通经济技术开发区以高质量发展为导向，以推进产业基础高级化、产业链现代化为路径，加快构建特色优势产业和战略性新兴产业相结合的现代制造业产业体系，做大做强新一代信息技术、高端装备、医药健康、新能源"3+1"先进制造业集群，大力培育生态主导型企业，构建龙头带动、配套跟进、全产业链发展的集群式发展格局，构建完善的生态工业链网。实证研究部分以南通经济技术开发区为例，通过测算园区碳排放、碳汇，对园区碳达峰现状进行评估，并探讨园区碳达峰实现的基础、优势和问题。

1 园区碳排放和碳汇测算

1.1 能源活动及碳排放量

1. 能源消费及能源结构

如图 6.1 所示,2016—2021 年,南通经济技术开发区(以下简称南通开发区)能源消费总量整体呈下降趋势,其中 2019 年、2021 年分别较前一年有所回升,但 2020 年降速明显,2020 年谷值为 310.96 万吨标准煤,2021 年能源消费总量情况较 2016 年下降 14.32%。

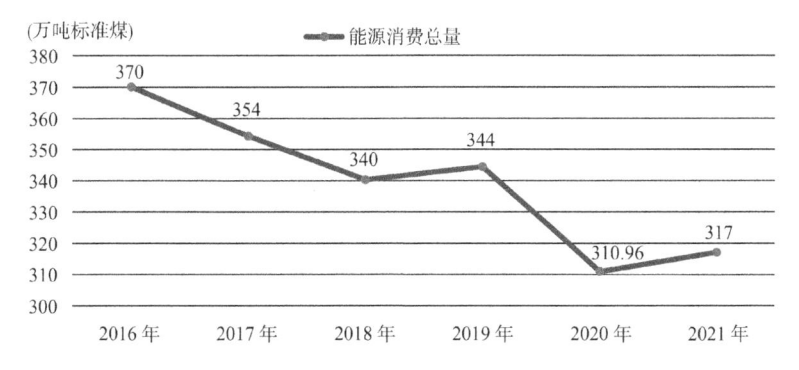

图 6.1 2016—2021 年南通开发区能源消费总量情况

开发区以推进产业基础高级化、产业链现代化为路径,加快构建特色优势产业和战略性新兴产业相结合的现代制造业产业体系,做大做强新一代信息技术、高端装备、医药健康、新能源"3+1"先进制造业集群,构筑完善的生态工业链网。园区内能源消耗主要集中在化学原料和化学制品制造业,造纸和纸制品业,纺织业,农副食品加工业及电力、热力生产和供应业,年平均占比分别为 45.55%、27.14%、8.32%、6.34% 及 6.31%(见图 6.2),其中,纺织业、造纸和纸制品业占比逐年减少,节能降耗成效明显。

园区内能源消耗主要以其他工业废料(用于燃料)、原煤、热力、电力为主,四种能源消耗量合计占总能源消耗量(折标煤量)由 2016 年的 91.6% 提升至

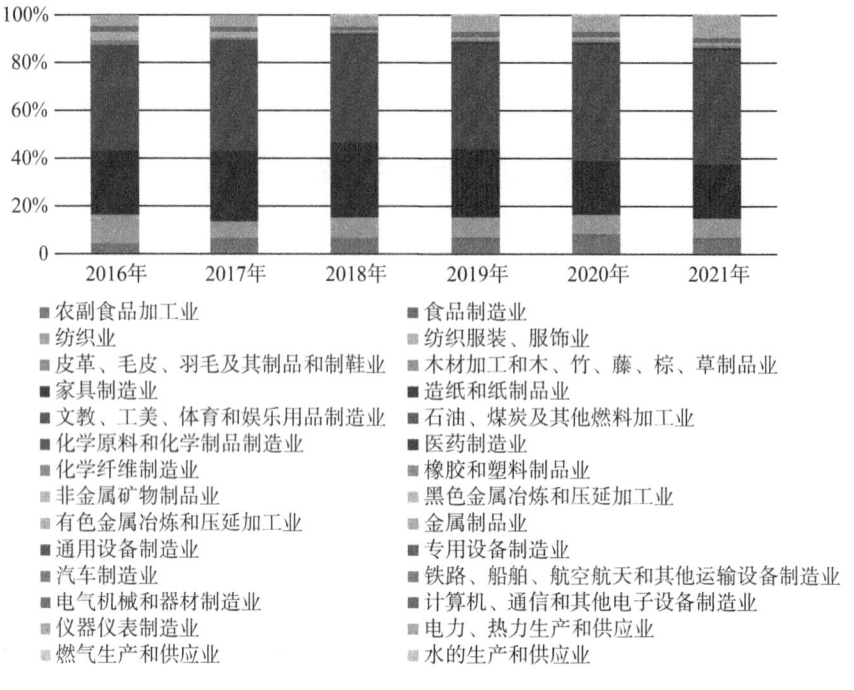

图例:
- 农副食品加工业
- 纺织业
- 皮革、毛皮、羽毛及其制品和制鞋业
- 家具制造业
- 文教、工美、体育和娱乐用品制造业
- 化学原料和化学制品制造业
- 化学纤维制造业
- 非金属矿物制品业
- 有色金属冶炼和压延加工业
- 通用设备制造业
- 汽车制造业
- 电气机械和器材制造业
- 仪器仪表制造业
- 燃气生产和供应业
- 食品制造业
- 纺织服装、服饰业
- 木材加工和木、竹、藤、棕、草制品业
- 造纸和纸制品业
- 石油、煤炭及其他燃料加工业
- 医药制造业
- 橡胶和塑料制品业
- 黑色金属冶炼和压延加工业
- 金属制品业
- 专用设备制造业
- 铁路、船舶、航空航天和其他运输设备制造业
- 计算机、通信和其他电子设备制造业
- 电力、热力生产和供应业
- 水的生产和供应业

图 6.2　2016—2021 年南通开发区分行业综合能耗情况

2021 年的 96.4%，其他工业废料（用于燃料）与原煤消费量占比逐年下降，分别由 2016 年的 37.4%、12.6% 下降至 2021 年的 36.7%、10.0%，电力与热力消费量逐渐上升，合计分别由 2016 年的 41.6% 提升至 2021 年的 49.6%（见图 6.3）。

图例:
- 原煤
- 汽油
- 燃料油
- 溶剂油
- 电力
- 天然气
- 煤油
- 液化石油气
- 其他石油制品
- 其他工业废料(用于燃料)
- 液化天然气
- 柴油
- 润滑油
- 热力

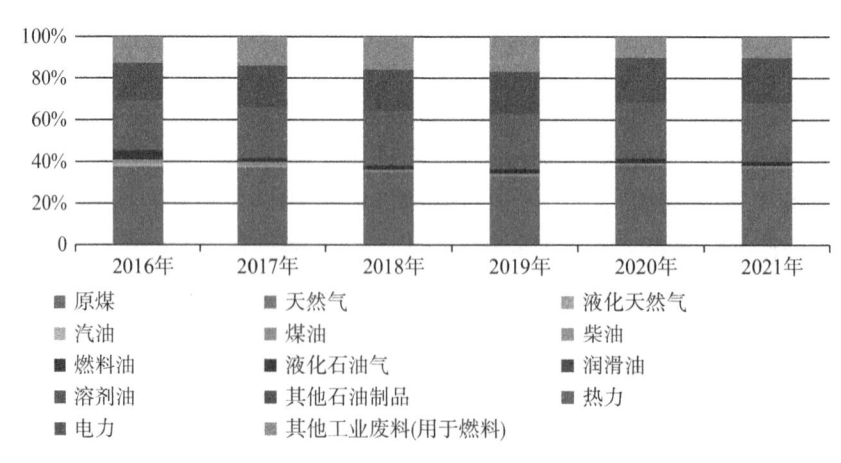

图 6.3　2016—2021 年南通开发区各种能源能耗情况

2. 化石燃料消费量及化石燃料燃烧碳排放量

如表 6.1 所示,开发区 2016—2021 年工业企业分行业化石燃料消费主要以原煤为主,其次是其他工业废料(用于燃料),两者合计占比从 2016 年的 85.6% 上升至 2021 年的 92.8%,天然气与液化天然气合计消费量占比由 2016 年的 0.05% 提升至 2021 年的 2.0%,油品类消费量占比从 2016 年的 7.4% 大幅下降至 2021 年的 3.2%。

表 6.1　2016—2021 年南通开发区化石燃料消费量(单位:标准煤)

序号	品种	2016 年	2017 年	2018 年	2019 年	2020 年	2021 年
1	原煤	1 186 308	1 113 359	1 000 822	950 584	1 029 858	1 040 943
2	天然气	4 931	7 682	8 821	12 800	12 524	14 984
3	液化天然气	5 106	4 857	13 955	14 589	15 233	13 300
4	汽油	42 012	33 268	3 401	3 843	1 476	899
5	煤油	3 517	3 121	2 974	3 318	2 750	2 137
6	柴油	55 563	38 348	12 171	14 896	11 413	13 809
7	燃料油	35 766	20 251	21 529	34 691	23 469	29 032
8	液化石油气	118 763	48 889	39 642	31 848	36 618	25 188
9	润滑油	0	15	2 124	1 853	1 932	1 877
10	溶剂油	728	0	608	952	631	489
11	其他石油制品	0	594	20	48	2 669	3 567
12	其他工业废料(用于燃料)	399 340	415 041	459 147	491 631	270 105	284 946
	合计	1 852 034	1 685 425	1 565 214	1 561 053	1 408 678	1 431 671

图 6.4 展示了 2016—2021 年南通开发区化石燃料燃烧碳排放量。由图可

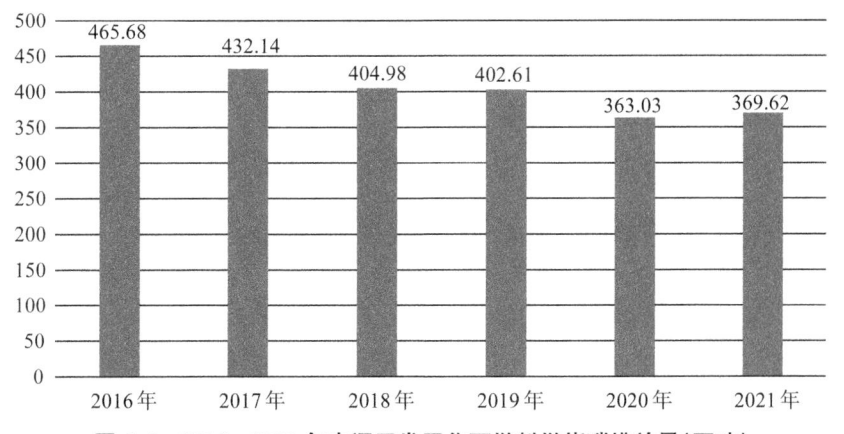

图 6.4　2016—2021 年南通开发区化石燃料燃烧碳排放量(万吨)

(2016年: 465.68; 2017年: 432.14; 2018年: 404.98; 2019年: 402.61; 2020年: 363.03; 2021年: 369.62)

见,2016—2021 年,南通开发区碳排放量稳步降低,2021 年比 2016 年下降 20.6%。

3. 电力碳排放量

电力碳排放量主要计算净调入或调出电量蕴含的二氧化碳,利用辖区内电力调入或调出电量乘以该调入或调出电量所属区域电网平均排放因子,得到由电力调入或调出所带来的二氧化碳间接排放量。由于开发区无电力调出,因此只计算开发区全社会电力调入量产生的间接二氧化碳排放量。

计算公式如下:

$$CO_{电力} = \sum A_e \times EF_e \tag{6.1}$$

式中,A_e——开发区全社会电力调入量;

EF_e——调入电力平均排放因子.

使用国家气候中心发布的华东区域电网平均排放因子并参照碳核查报告,2016—2018 年取值 0.703 5,2019—2021 年取值 0.682 9。2016—2021 年南通开发区调入电力 CO_2 间接排放情况见表 6.2。

表 6.2 2016—2021 年南通开发区调入电力 CO_2 间接排放情况

年份	净调入电量 (亿千瓦时)	华东区域调入电力 平均排放因子(吨 CO_2/兆瓦时)	净调入电力蕴含的 CO_2 排放量(万吨)
2016 年	48.68	0.703 5	342.457
2017 年	52.04	0.703 5	366.094
2018 年	53.07	0.703 5	373.325
2019 年	62.56	0.682 9	427.234
2020 年	67.08	0.682 9	458.070
2021 年	76.52	0.682 9	522.526

1.2 工业生产过程碳排放量

根据发改委等单位编制的《工业其他行业企业温室气体排放核算方法与报告指南(试行)》和《中国机械设备制造企业温室气体排放核算方法与报告指南(试行)》中提出的核算方法,本部分核算边界主要考虑工业生产中化石燃料燃烧产生的二氧化碳排放、碳酸盐使用过程中产生的二氧化碳排放、工业废水厌氧处理过程中产生的甲烷排放、甲烷回收与销毁量、二氧化碳回收利用量以及企业净购入的电力和热力中隐含的二氧化碳排放。其中,开发区不涉及碳酸盐使用过程中产生的二氧化碳排放、甲烷回收与销毁量以及二氧化碳回收利用量,化石燃料燃烧产生的二氧化碳排放和企业净购入的电力和热力中隐含的二氧化碳排放已分别计入能源活动中的化石燃料燃烧和电力碳排放量核算,工业废水厌氧处理过程中产生的甲烷排放将计入后续废弃物碳排放量核算中,故不再做相关碳排放量核算。

1.3 农业碳排放量

农业碳排放主要涉及稻田甲烷排放、农用地氧化亚氮排放、动物肠道发酵过程中的甲烷排放和动物粪便管理过程中的甲烷与氧化亚氮排放。开发区不涉及农业、畜牧业的生产活动,因此无相关碳排放量的计算。

1.4 废弃物处理碳排放量

废弃物处理主要涉及城市固体废弃物和生活污水及工业废水处理,涵盖城市固体废弃物(主要是指城市生活垃圾)填埋处理产生的甲烷排放量、焚烧处理产生的二氧化碳排放量及生活污水和工业废水处理过程中产生的甲烷和氧化亚氮排放量。开发区城市固体废弃物全部运往启东等地的废弃物填埋场和焚烧厂进行处理,因此仅计算污水处理厂的甲烷排放量。

废水厌氧处理过程中产生的 CH_4 排放主要是厌氧工艺自身产生或外来的废水导致的 CH_4 排放,计算公式如下:

$$\begin{cases} TOW = W \times (COD_{in} - COD_{out}) \\ EF_{CH_4\text{-}废水} = B_0 \times MCF \\ E_{CH_4\text{-}废水} = (TOW - S) \times EF_{CH_4\text{-}废水} \times 10^{-3} \end{cases} \quad (6.2)$$

式中,TOW——废水中可降解有机物的总量,以化学需氧量(COD)为计量指标,千克 COD;

W——厌氧处理的废水量,立方米废水/年;

COD_{in}——进入厌氧处理系统的废水平均 COD 浓度,千克 COD/立方米;

COD_{out}——从厌氧处理系统出口排出的废水平均 COD 浓度,千克 COD/立方米;

$EF_{CH_4\text{-}废水}$——工业废水厌氧处理的 CH_4 排放因子,千克 CH_4/千克 COD;

B_0——工业废水厌氧处理系统的甲烷最大生产能力,单位千克 CH_4/

千克 COD,取 0.25；

MCF——甲烷修正因子,表示不同处理系统或排放途径达到甲烷最大生产能力(B_0)的程度,也反映了处理系统的厌氧程度,取 0.2；

$E_{CH_4-废水}$——工业废水厌氧处理的 CH_4 排放量,t；

S——以污泥方式清除掉的有机物总量,以化学需氧量(COD)为计量指标,千克 COD.

2021 年开发区污水处理碳排放情况如表 6.3 所示。

表 6.3 2021 年南通开发区污水处理碳排放情况

年份	$E_{CH_4-废水}$（吨）	W（立方米）	COD_{in}（千克 COD/立方米）	COD_{out}（千克 COD/立方米）	TOW（千克 COD）	S	B_o	MCF	$EF_{CH_4-废水}$
2016 年	326.90	35 726 381.37	0.20	0.02	6 537 927.79	0	0.25	0.20	0.05
2017 年	324.02	35 412 424.00	0.20	0.02	6 480 473.59	0	0.25	0.20	0.05
2018 年	352.71	38 547 672.51	0.20	0.02	7 054 224.07	0	0.25	0.20	0.05
2019 年	355.04	38 802 122.25	0.20	0.02	7 100 788.37	0	0.25	0.20	0.05
2020 年	329.70	36 032 356.96	0.20	0.02	6 593 921.32	0	0.25	0.20	0.05
2021 年	366.80	40 087 083.42	0.20	0.02	7 335 936.27	0	0.25	0.20	0.05

1.5 碳汇现状

根据开发区森林资源数据,获得清单编制年份的乔木林总蓄积量($V_乔$)、各优势树种(组)蓄积量、活立木蓄积量年生长率(GR)；通过实际采样测定和文献资料统计分析,获得各优势树种(组)的基本木材密度(SVD)和生物量转换系数(BEF),计算全省平均的基本木材密度($\overline{SVD}$)和生物量转换系数($\overline{BEF}$)。2021 年开发区碳汇核算结果如表 6.4 所示。

表 6.4 2021 年南通开发区碳汇核算结果

序号	项目	单位	结果值
1	生物生长碳吸收量	吨碳	1 945.50
2	生物消耗碳排放量	吨碳	1 126.18
3	生物贮碳量	吨碳	819.32
4	生物贮碳量(以 CO_2 计)	吨 CO_2	3 004.26

园区为南通主要的城市建成区和工业聚集区,是南通招商引资、项目建设的

主战场,经济发展的重要板块,区内林业资源有限,生物贮碳量较少,预计未来不会有较大幅度的提升。

2 园区碳排放现状评估

2.1 开展的相关工作和取得的成效

"十三五"期间,南通开发区围绕"经济强、百姓富、环境美、社会文明程度高"这一主题,以"市内率先现代化,国内跻身20强"为奋斗目标,着力打造先进产业集聚区、科技创新先导区、体制创新示范区、现代化新城区和全国一流开发区,经济社会发展取得明显成效。

1. 能源产业结构不断优化

低效产能有序退出。"3·21"事故以后,开发区大力开展化工产业安全环保整治提升工作,对全区化工企业开展检查390家次,排查问题和隐患951个,制定"一企一策"处置方案,将9家化工企业纳入关闭退出类,61家化工企业纳入限期整改类,分类从严开展整治,2019年已提前完成9家化工企业关闭任务。制定省级减煤工作奖补资金分配方案,向区内热电厂美亚热电、江山农化拨付324.6万元重点减煤项目扶持资金。设置50万元专项资金,用于能源规划,区域能评及其他减煤、节能等工作。

产业转型步伐加快。明确新一代信息技术、高端装备、医药健康和新能源"3+1"主导产业方向,2021年共完成应税销售收入817亿元。稳步推进能耗"双控",单位GDP能耗降幅居全市前列。加大企业智能化改造力度,建成省级示范智能车间19个。深入推进质量、知识产权强区战略,开发区全社会研发投入占比重达3.29%,列全市第一;万人发明专利拥有量65件,列全市第一;新获批专精特新"小巨人"企业国家级2家,省级7家,市级11家;新增高新技术企业70家;实现高新技术产业产值720亿元。

2. 协同减污降碳成效显著

开展化工园区环保整治提升行动。为扎实推进化工产业安全环保整治提升工作,推动全区化工产业绿色发展、安全发展、高质量发展,南通开发区制订了《南通市经济技术开发区化工产业安全环保整治提升三年行动计划(2019—2021年)》,提出了针对化工企业、化工园区的主要目标,从推进化工企业、化工园区整治提升,加强化工园区产业监管等方面制定多项重点任务,依法依规推进化工园区和化工企业安全环保整治工作,有效解决化工行业"小散乱污危"等突出问题。

制订多个环境专项整治工作计划。2020年,南通开发区印发《南通开发区集中开展违法违规"小化工"专项整治行动方案》(通开办发〔2020〕16号)、《南通市经济技术开发区2020年土壤污染防治工作计划》、《南通市经济技术开发区2020年水污染防治工作计划》等多个环境专项整治工作计划,深入污染防治一线严督实查,已全面完成第一批、第二批、第三批共136家企业工业污染源达标排放工作,计划开展第四批36家企业工业污染源全面达标排放工作。

构建双碳目标管理平台。南通开发区初步建设低碳经济管理平台,主要包括环保安全应急一体化综合管理软件平台、生态环境监测感知网络以及生态环境数据中心。目前共建成12个子平台,49个子系统,1个移动应用平台,对全区62家重点排污单位开展监督性监测工作。全面覆盖开发区污染企业的智能管控,园区内大气、水质的在线监控,并为各类应用系统提供统一的数据管理接口。利用大数据、云计算、数据可视化等技术,对所有环境要素、污染源、生产安全信息等进行动态感知和监控,实现对各类安环数据的统一管理。

3. 打造绿色发展示范区

深入推进长江大保护行动。近年来,南通开发区认真贯彻落实习近平总书记"共抓大保护,不搞大开发"的重要指示精神,坚持生态优先,绿色发展。大力推进营船港非法码头整治,累计拆除12家非法码头,恢复非法占用长江岸线3公里。此外,按百年一遇防洪标准设计、修复、加固堤防道路,设置人行道、车行道、行道树,并加强长效管理。加强黑臭水体治理,实施控源截污、内源整治及生态修复措施,累计完成35条黑臭水体专项整治,改造小区管道5.6万米,清淤1.4万立方米,种植水生植物3 500平方米,持续改善长江沿岸生态环境。

加快实施岸线复绿工程。全面开展沿江宜林地段的绿化造林工作,通过多树种配置,增加森林覆盖面积,扩大生态容量,着力恢复绿色生态和增加沿线绿色覆盖面积,构筑长江屏障体系,改善岸线绿化景观。深入实施长江沿线绿化提升工程,项目范围从裤子港至海门界水利工程管理范围,沿线全长约25公里,工程总投资1 250万元。通过清理整治一批非法码头、沿江企业废弃厂区和堆场等侵占的岸线,进行岸线生态修复,累计清运长江沿线范围内垃圾22 066立方米,回填土方79 016立方米。实施绿化长约16.2公里,绿化总面积275 102平方米,绿化种植品种有樱花、垂柳、女贞、水杉以及百慕大草皮等。种植乔木约

15 746 株,灌木、地被约 261 889 平方米。

4. 配套保障措施全面落实

健全环境安全监管体系。开发区完善双随机抽查制度,开展双随机执法检查,其中双随机抽查重点源企业 92 家次、一般源企业 96 家次、特殊监管对象 3 家次。强化环境监管网格化管理,切实履行网格巡查检查任务。2020 年,"区级—街道级—社区级"三级网格主动巡查检查,在巡查中发现新增"散乱污"企业 24 家,主动巡查发现"散乱污"企业数量在全市位居前列。加强污染源自动监控平台管理,累计完成 138 家企业在线监控设施的安装和联网工作,其中 36 家重点排污单位与国发平台考核名录匹配联网,91 家排污许可重点管理单位与省平台考核名录匹配联网,6 家 VOCs 重点管理单位 VOCs 在线连入省平台等。

持续开展环境应急管理。开发区正在开展突发环境事件应急预案修编和饮用水水源地(洪港水厂)突发环境事件应急预案编制。截至目前,区内共计有 58 家企业开展了环境风险评估,并完成备案工作。2020 年 6 月 18 日,面向化工企业环保管理人员及街道环保网格办人员,举办全区化工企业环境应急管理人员培训班,内容包括设备设施的环境安全管理、环保总监相关职责、突发泄漏环境应急处置规范与处置时的个人防护事项等方面,并对考试合格人员发放培训证书。开发区于 2020 年 6 月 30 日,依托南通江山农药化工股份有限公司开展一次突发环境事件应急演练。

深入推进环保公众参与。利用"4·22"地球日、"6·5"世界环境日、科普宣传周等特殊时期,联合市局开展环保活动,组织社会志愿者"零距离"体验环保工作,拉近民众与生态环境保护的距离,增强市民的生态环保意识。同时开展生态公众宣传,展出宣传展板、发送宣传短信、举办"我与绿色有约"志愿活动,同时在企业举办有针对性、操作性强的环保讲座,举办绘画、征文比赛等形式多样的活动。

2.2 园区碳排放总量

根据前述能源活动、工业生产过程、农业、废弃物处理碳排放量及碳汇数据计算园区碳排放总量情况(见表 6.5 和图 6.5)。2016—2021 年,园区碳排放总量总体呈现先减后增的趋势,并在 2021 年达到最大值。2016—2018 年,随着综合能耗的减少,碳排放量逐年降低,谷值为 794.576 万吨二氧化碳。2019—2021 年,随着地区生产总值快速增加,碳排放量有所回升,并于 2021 年达到 910.580 万吨二氧化碳,相比 2016 年上升约 10.54%。

表 6.5　2016—2021 年南通开发区碳排放总量(万吨)

序号	碳排放领域	2016 年	2017 年	2018 年	2019 年	2020 年	2021 年
1	化石燃料燃烧	465.678	432.136	404.984	402.607	363.028	369.622
2	调入电力	342.457	366.094	373.325	427.234	458.070	522.526
3	工业生产过程	15.858	16.682	16.532	16.895	16.716	18.695
4	农业	0	0	0	0	0	0
5	废弃物处理	0.033	0.032	0.035	0.036	0.033	0.037
6	林业碳汇	−0.300	−0.300	−0.300	−0.300	−0.300	−0.300
	合计	823.726	814.644	794.576	846.472	837.547	910.580

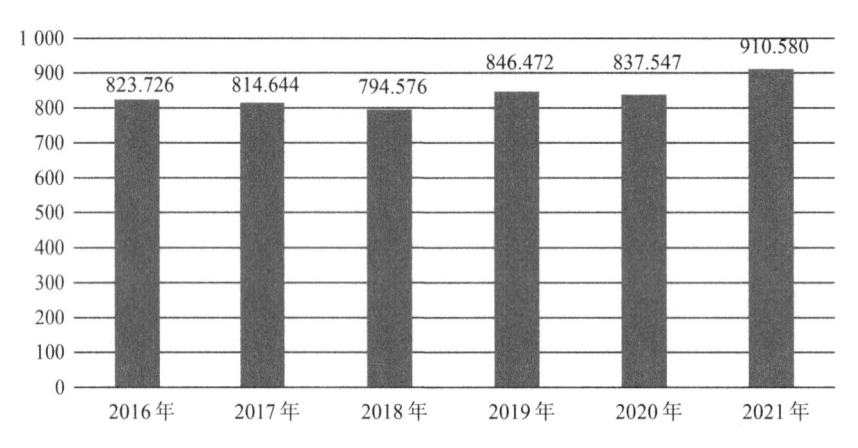

图 6.5　2016—2021 年南通开发区碳排放总量(万吨)

2.3　园区经济发展及碳排放指标

根据园区经济发展现状,园区主要以第二产业及第三产业为主,前者占比逐年减少,后者占比逐年递增,两者产值合计占 GDP 总值 99.7% 以上,这与国家大力发展第三产业的趋势吻合。碳排放相关指标中,综合能耗弹性系数、化石能源消费碳排放量、人均碳排放量均呈良性发展趋势(见表 6.6)。

表 6.6 开发区经济发展及碳排放指标

序号	指标	单位	2016 年	2017 年	2018 年	2019 年	2020 年	2021 年
1	地区生产总值	亿元	525.26	576.78	636.67	705.67	755.16	842.41
2	第一产业产值	亿元	1.24	1.17	1.12	0.93	0.97	1.02
3	第二产业产值	亿元	365.88	371.50	388.34	422.23	456.44	519.00
4	第三产业产值	亿元	158.14	204.11	247.21	282.51	297.75	322.39
5	GDP 增长率	%	—	9.81	10.38	10.84	7.01	11.55
6	常住人口	万人	29.02	30.58	31.20	32.81	33.23	33.28
7	规模企业数量	个	784	817	786	810	973	1062
8	能源消费总量	万吨标煤	370.07	354.30	340.31	344.42	310.96	317.11
9	能源消费总量增长率	%	—	−0.04	−0.04	0.01	−0.10	0.02
10	综合能耗弹性系数	—	0.70	0.61	0.53	0.49	0.41	0.38
11	化石能源消费碳排放量	万吨 CO_2	465.68	432.14	404.98	402.61	363.03	369.62
12	碳排放总量	万吨 CO_2	823.73	814.64	794.58	846.47	837.55	910.58
13	人均碳排放量	吨 CO_2/人	27.85	26.10	24.95	25.69	25.13	27.28

3 园区碳达峰实现的基础、优势和问题分析

3.1 园区碳达峰实现的基础

根据《南通市经济技术开发区国民经济和社会发展第十四个五年规划和二〇三五年远景目标纲要》要求,开发区将围绕建设南通市经济主阵地、主战场总目标,紧扣高质量和新动能两大主线,突出"产业标杆、创新高地、开放示范、效率窗口"定位,努力建设"主导产业现代化、产城融合国际化、跨江发展一体化、最具竞争优势的长三角一流开发区"。主导产业方向包括新一代信息技术、高端装

备、医药健康、新能源等。在服务业方面,该片区主导产业方向为科技服务、商务服务、金融服务、电子商务、现代商贸、医疗康养等高端产业业态的现代服务业项目。

从片区定位和主导产业特点来看,南通开发区已发展为产城融合的综合性开发区,服务业占比较高。在第二产业中,人工智能应用、新一代信息技术产业等物耗、产排污相对较小,智能制造装备、微电子集成电路、精细化工等产业已部分完成企业清洁生产模式升级改造,包括但不限于:原辅料替代(如不使用含铅焊料而改使用低 VOCs 涂料、以区域集中供热替代自建锅炉)、工艺优化(改用节能效率较高的生产设备、将废气产生节点封闭化便于废气收集处理)、污染治理工艺优化等。开发区在"十三五"期间已完成部分产业结构升级和企业清洁生产水平提升,在碳达峰工作实施阶段,现有的企业管理水平、生产设备管护水平,将有助于企业提高节能效果,顺利衔接碳达峰工作的相关要求。

3.2 园区碳达峰实现的优势

科技创新与人才优势。南通开发区组建人才科技局,并将其升级为一级局;多次举办"能达杯"创新创业大赛,制定出台南通开发区"人才十五条"。累计培育国家高新技术企业 200 多家,市级以上研发机构 200 多个,万人发明专利拥有量突破 66.3 件,比"十二五"期间提高 29 件;获批国家重点研发计划超 20 项,争取省级以上科研经费 1.5 亿元以上;引进上海交通大学飞马旅(南通)科创园、西北工业大学工业设计研究院;年均新落户高层次顶尖人才 7 名、高层次人才工作站 1 个,优质的科创载体与人才队伍将为开发区低碳技术创新提供强劲支撑。

强力推进整治行动,带来环境优势。南通开发区制定实施工业污染源达标排放方案、环保整治提升三年行动计划,持续压减敏感区域化工企业,化工产业布局明显优化。积极推进主江堤生态环境整治,着力恢复沿线绿色生态和增加沿线绿色覆盖面积,完成沿江非法码头整治、通启运河专项整治,区域环境质量不断改善,并于 2021 年顺利通过国家生态工业示范园区复查验收。

生态产业链及"绿色工厂"建设的经验优势。南通开发区自 2014 年获批国家生态工业示范园区以来,依托支柱产业和园区功能定位,将资源节约和废物循环利用贯穿于生产、流通和社会生活中,在园区层面成功构建了新一代信息技术、医药健康、现代服务业等生态工业产业链和循环经济产业链,在工业企业层面鼓励企业建设申报绿色工厂,从生产原辅料、工艺、公辅工程、资源回收利用等方面进行优化、挖潜。现有的生态工业产业链构筑、绿色工厂建设的经验,有助于进一步提升园区循环经济水平和工业企业清洁生产水平。

城市品质提升内在低碳需求。近年来,开发区持续优化能达商务区东区规划,加快建设重点城建项目,不断完善公共配套,全力打造南通"金南翼"。建设能达生态通廊,举办菊花展,区域形象稳步提升;建设能达市民广场、能达中央公园,稳步推进公共文化中心建设,公共配套更加完善;建设老洪港湿地公园和应急水库,全区绿化覆盖率达35%以上。违建治理力度持续加大,拆除违法违章建筑面积50多万平方米;渣土偷倒和小广告张贴得到有效整治;深入推进能达商务区交通秩序整治、振兴西路与瑞兴路道路综合整治,文明城市长效管理水平不断提升。同时,随着绿色低碳生活方式深入人心及城市基础设施建设进一步完善,商办、生活层面的碳排放量进一步降低。

3.3 园区碳达峰实现的问题分析

经济增长与能耗降低存在矛盾。高速的经济增长必然需要充足的能源供给,然而社会大环境的资源有限性对经开区经济的持续高速增长提出了挑战。此外,在招商引资的过程中,经济增长粗放的状况尚未根本改变,粗放的、落后的能源利用方式仍在延续,导致能源、资源约束继续加剧,经开区节能减排的形势依然严峻。

企业集聚程度不高。由于历史原因,南通开发区产业发展除了化工园区,总体上仍相对分散,空间规划不合理。医药健康产业除布局在医药健康产业园以外,在中天路、综保区、振兴西路、中央路等地也有分布。新一代信息技术产业则在东方大道以东、星湖大道以北以及中央路、新河路等地分布。智能制造装备产业则在竹行以南、能达商务区以东以及沿江地区分布。南通开发区需强力推进供给侧结构性改革,切实提高土地资源要素配置和产出效益;立足于内部挖潜和集聚集约,着力提升发展潜力,强化"亩均产值"导向,促进产业转型升级和企业提质增效,改善人居环境,促进产城融合。

土地资源接近饱和。南通开发区开发时间早,是我国首批14个国家级经济技术开发区之一,经过多年的发展,南通开发区经济在经过快速增长期后,发展已经进入平缓增长阶段,经济增幅减缓。同时,南通开发区存在土地资源已经接近饱和、亩均产出效益不高、低效用地的情况,开发区经济持续稳步发展压力增大。受土地资源的制约,新增产业空间逐渐缩小,南通开发区需着力于对现有产业的提档升级。但现有产业的调整,使其压力和困难显著增加,开发区需要抓住园区生态工业示范园区建设、循环化改造等契机,制定完善的产业结构优化调整方案,实现产业结构的优化。

未来节能减排压力增大。近年来,随着生态工业示范园区建设工作的推进,南通开发区采取了多项措施、实施了多项工程,以开展园区的节能减排工作。随着一系列工程措施的实施,南通开发区节能减排成效显著,单位工业增加值废水产生量、单位工业增加值新鲜水耗、主要污染物排放弹性系数等指标均呈现逐年改善趋势。但这也对未来开发区节能减排工作提出了更高的要求,未来开发区节能减排压力将增大。

3.4 碳达峰碳中和目标预测

3.4.1 碳达峰碳中和目标分析

根据《南通市"十四五"全社会节能实施意见》和《南通市生态文明建设规划(2021—2025年)》,到2025年,全市能源利用效率和产出效益显著提升,规模以上单位工业增加值能耗下降16%,绿色低碳循环发展的经济体系初步形成;碳达峰碳中和稳步推进,单位地区生产总值能耗下降14.5%,单位工业增加值二氧化碳排放下降20%。

3.4.2 主要目标及指标

1. 园区碳达峰年限

本研究的边界为南通开发区行政区边界。情景分析基准年为2021年,2025、2030、2035年为目标年。参考江苏省2030年前二氧化碳排放达峰行动方案,并考虑开发区经济发展和能源需求状况,依据低碳社会发展各个不同阶段,使用计量分析法构建适用于研究对象的分析框架,以相对易于把握的经济增长、能源需求与碳排放约束目标为基础,预测开发区的碳排放峰值以及关联的主要经济社会指标发展态势,从而提出政策建议、决策参考与行动计划。

(1) 驱动因素分析

二氧化碳排放主要受经济增长、人口和城镇化、能源利用效率和能源结构等因素影响。

经济增长因素。以"市内率先现代化,国内跻身20强"为奋斗目标,开发区着力打造先进产业的集聚区、科技创新的先导区、体制创新的示范区、现代化的新城区和全国一流开发区,经济社会发展取得明显成效。经过30多年的发展,开发区已经拥有较好的产业、创新、制度等方面的基础,预计"十四五""十五五""十六五"期间地区生产总值年均增速保持在5%左右。开发区经济的持续增长,将继续拉动能源消费需求,碳排放总量需求预计将合理上升。

人口和城镇化因素。"十四五"期间乃至2035年前,人是最基本的发展因素。吸引人、集聚人、发展人将成为地区发展的决定性因素。产业吸引人口,城市留住人口,人又为产业提供劳动力,活跃城市发展。未来15年将是开发区高质量发展的重要阶段,预计到2025年、2030年和2035年,开发区常住人口将分别达到33.45万人、33.58万人和33.63万人。随着高城镇化水平下城市品质的提升和城市更新进程的推进,大规模新型基础设施建设需求将持续增长,高品质生活的带动效应和需求侧结构性改革的潜力将持续释放,预计未来一段时期能源消费总量和碳排放总量将保持继续增长趋势。

能源利用效率因素。节约能源和提高能源利用效率是控制温室气体排放、降低碳排放强度最有效的途径。近年来,开发区稳步推进能耗"双控",单位GDP能耗降幅居全市前列。综合分析能源消费变化、未来产业结构变动趋势和政策调控等因素,预计到2025年、2030年和2035年,开发区单位地区生产总值能耗下降率将达到全市较好水平,能源消费总量控制在全市靠前水平。

能源结构因素。燃烧相同热值煤炭的碳排放量是石油的1.3倍、天然气的1.6倍,因此改善能源结构是降低碳排放强度的重要措施。严控能源总量,防止其过度扩张,降低高碳能源消费比重,推进构建清洁、低碳、安全、高效的能源体系,向以新能源和可再生能源为主体的低碳能源体系转型,大力发展非化石能源,加快以电能、天然气、热电联产为主的清洁能源供应系统建设,降低高碳排放、高污染传统化石能源的消费量。预计到2025年,开发区能源消费结构中,煤炭占比下降至35%以内,天然气占比达到1%,非化石能源占比达到20%。到2030年,煤炭占比下降至30%左右,天然气占比达到5%,非化石能源占比达到25%。到2035年,煤炭占比下降至25%左右,天然气占比提高到10%,非化石能源占比达到30%。

(2) 情景设定

以南通经济技术开发区行政区边界为研究边界,设2025、2030、2035年为目标年,结合当下国内外经济发展形势与本区实际,分别预定基准、低碳和强化低碳三种情景及相应情景下的发展指标值。预定指标及预测结果如下:

① 基准情景。即采取经济优先的政策情景模式,预定指标为"十四五""十五五""十六五"期间GDP年均增速分别为6.99%、5.41%、5.02%,单位GDP能耗年均下降率为3.88%、1.61%、0.40%(见表6.7)。预测结果显示,其间二氧化碳排放量将随时间持续增长,2035年达到峰值(见表6.8)。

表 6.7　基准情景下预定指标

指标	"十四五"	"十五五"	"十六五"
GDP 年均增速	6.99%	5.41%	5.02%
人口自然增长率	0.13%	0.08%	0.03%
单位 GDP 能耗年均下降率	3.88%	1.61%	0.40%
单位能耗碳排放年均下降率	−2.98%	2.04%	4.12%

表 6.8　基准情景下预测结果

指标	2025 年	2030 年	2035 年
人均 GDP(万元/人)	31.65	41.02	52.33
综合能耗(万吨)	357.60	427.97	535.87
碳排放量(万吨)	1 115.35	1 204.30	1 221.79

② 低碳情景。即采取较积极的控排政策的情景模式,以促进低碳经济发展为目标,逐步推广清洁能源的使用,提高能源利用效率,推广节能技术的应用,推动清洁能源在终端能源消耗中所占比例进一步提高。预定指标为"十四五""十五五""十六五"期间 GDP 年均增速分别为 6.46%、5.28%、4.99%,单位 GDP 能耗年均下降率为 3.91%、1.71%、0.56%(见表 6.9)。预计二氧化碳排放量将在 2029 年达到峰值(见表 6.10)。

表 6.9　低碳情景下预定指标

指标	"十四五"	"十五五"	"十六五"
GDP 年均增速	6.46%	5.28%	4.99%
人口自然增长率	0.13%	0.08%	0.03%
单位 GDP 能耗年均下降率	3.91%	1.71%	0.56%
单位能耗碳排放年均下降率	−2.73%	2.64%	4.51%

表 6.10　低碳情景下预测结果

指标	2025 年	2030 年	2035 年
人均 GDP(万元/人)	30.88	39.77	50.67
综合能耗(万吨)	350.09	414.06	513.57
碳排放量(万吨)	1 078.96	1 116.31	1 099.05

③ 强化低碳情景。即采取更加积极的政策的情景模式,以全面实行经济与

环境的可持续发展为目标,推动工业部门各行业能源强度持续下降,能效水平进一步提高,能源结构进一步调整,保持清洁能源占比基本稳定在较高的水平。预定指标为"十四五""十五五""十六五"期间 GDP 年均增速分别为 6.22%、4.65%、4.29%,单位 GDP 能耗年均下降率为 4.38%、1.86%、0.06%(见表6.11)。预计二氧化碳排放量将在 2028 年达到峰值(见表 6.12)。

表6.11 强化低碳情景下预定指标

指标	"十四五"	"十五五"	"十六五"
GDP 年均增速	6.22%	4.65%	4.29%
人口自然增长率	0.13%	0.08%	0.03%
单位 GDP 能耗年均下降率	4.38%	1.86%	0.06%
单位能耗碳排放年均下降率	−2.69%	2.74%	5.06%

表6.12 强化低碳情景下预测结果

指标	2025 年	2030 年	2035 年
人均 GDP(万元/人)	30.53	38.16	47.01
综合能耗(万吨)	335.41	384.25	479.18
碳排放量(万吨)	1 053.18	1 066.28	1 025.45

(3) 预测结果

根据以上预定指标及预测结果分析,开发区在三种情景模式下的碳排放达峰点分别在 2035 年、2029 年和 2028 年。要实现按期达峰任务,需要采取较为有力的控排政策,在保证 GDP 增速达标的前提下,有效降低单位 GDP 能耗及单位能耗碳排放,从根源上改善产业结构布局和能源结构及利用效率问题。图 6.13 展示了 2021—2035 年南通开发区二氧化碳排放趋势。

2. 园区碳排放强度

2021 年开发区地区生产总值 842.41 亿元,根据开发区"率先达峰"的目标要求与工作实际,预计采用低碳情景下的预定指标指导下一步"双碳"工作的开展,预测开发区在 2021 年、2029 年(预计达峰年份)、2030 年及 2035 年的碳排放强度(见表 6.13),公式如下:

$$EI = \frac{E_{总}}{GDP} \tag{6.3}$$

式中,EI——二氧化碳排放强度,吨二氧化碳/万元;

$E_{总}$——本地区某年度产生的二氧化碳排放量,万吨;

GDP——本地区同一年度的地区生产总值,亿元.

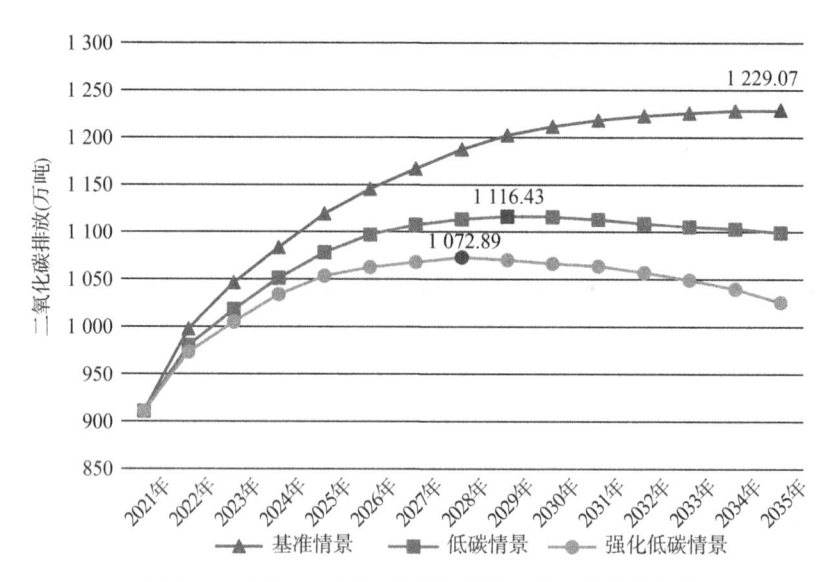

图 6.13　2021—2035 年南通开发区二氧化碳排放趋势

表 6.13　南通经济技术开发区碳排放强度

年份	碳排放量（万吨）	地区生产总值（亿元）	碳排放强度（吨 CO_2/万元）
2021 年	910.58	842.41	1.08
2029 年	1 012.38	1 574.71	0.64
2030 年	1 007.86	1 853.44	0.54
2035 年	944.61	2 696.89	0.35

4　园区碳达峰实施路径

4.1　碳达峰碳中和总体实施计划

南通开发区有效衔接《南通市国民经济和社会发展第十四个五年规划和二〇三五年远景目标纲要》，构建绿色低碳循环体系，提升绿色发展水平。努力建设"主导产业现代化、产城融合国际化、跨江发展一体化、最具竞争优势的长三角一流开发区"，为南通市建设长三角一体化沪苏通核心三角强支点城市贡献开发区力量。

主要目标:"十四五"期间,产业结构和能源结构调整优化取得明显进展,重点行业能源利用效率大幅提升,煤炭消费增长得到严格控制,新型电力系统加快构建,绿色低碳技术研发和推广应用取得新进展,绿色生产生活方式得到普遍推行。

2030年前,绿色低碳循环发展的经济体系基本形成,重点领域低碳发展模式基本建立,单位生产总值能耗下降率达到上级下达的目标,生态经济进一步壮大,能源、资源高效利用,二氧化碳排放达到峰值。

2030—2060年实现碳中和目标,经济社会发展全面绿色、低碳转型实现重大进展,清洁、低碳、安全、高效的能源体系初步建立,绿色低碳技术创新和绿色低碳产业发展取得长足进步,重点耗能行业能源利用效率达到国际先进水平,零碳、无废的智慧园区基本建成。

4.2 碳达峰重点任务

1. 完善能源体系,开展能源绿色转型行动

(1) 稳妥有序地控制化石能源消费

严格控制煤炭消费增长,实施煤炭消费减量替代和清洁高效利用,加快推动煤炭消费实现稳中有降。合理控制煤电装机规模,加快淘汰落后煤电产能,有序推进热电企业整合。全面推进散煤治理,积极有序推进煤改电、煤改气,全面提升区域内煤炭清洁高效利用水平。合理控制油气能源消费,控制汽、柴油消费增速保持在合理区间,力争"十四五"期间达到峰值。进一步明确积极发展天然气政策,有序提升开发区天然气供应能力,强化天然气输气管道互联互通,优化天然气利用结构,有序引导天然气消费,严控化工用气,促进天然气协调稳定发展。稳步提升能源安全保障能力,深化实施能源安全储备制度,维护电力、油气等重要能源的基础设施安全。

(2) 加快发展非化石能源

全面推进光伏发电建设,充分利用工业园区、公共建筑等可利用屋顶资源,大力发展"自用为主、余电上网"的分布式光伏发电。坚持分布式与集中式光伏发电并举,依托中天光伏等龙头企业,积极探索更多的"光伏+"应用场景,建设一批光伏厂房、光伏大楼等示范项目,推动光伏发电与多种产业协同发展。加快推广生物质能替代利用,建立完善的农林废弃物和生活垃圾"收、储、运、处理"体系,推广生物质成型燃料锅炉和生物天然气等的非电利用。加快推动新型储能设备的发展和规模化应用,实现"风、光、水、火、储"一体化发展。

(3) 创新智慧能源治理模式

提升电力系统调节能力,全面优化整合本地电源侧、电网侧、负荷侧资源,加强源网荷储协同,提升新能源消纳和存储能力,加快构建适应高比例可再生能源发展的新型电力系统。探索建立园区能源大数据平台,构建综合能源服务网络,实现对能源网络的全景感知和智能控制。积极融入全国统一能源市场,完善有利于可再生能源优先利用的电力交易机制,鼓励新能源发电主体与电力用户或售电公司等签订长期购售电协议。优化清洁低碳能源项目核准和备案流程,简化分布式能源投资项目管理程序。

2. 严控能耗强度,开展节能降碳增效行动

(1) 强化能源消费总量和强度双控

严格能耗强度约束性指标管理,合理控制能源消费总量。全面推行能效与能源配置挂钩制度,按照企业能效和产出效益配置能源,在有序用电、节能降耗、淘汰落后产能等方面实行差别化政策,实现能源的合理高效配置。严控新上项目能效水平,加强节能审查,新上高耗能项目能效必须达到行业先进水平且符合国家产业政策标准。用能单位超额消纳的绿色电力不计入其综合能源消费量。加快完善能源双控考核制度,建立健全长效监管机制,增加能耗强度降低指标考核比重,合理设置能源消费总量指标考核权重。

(2) 推进工业绿色低碳改造

深挖工业节能潜力,突出铸造、化工、纺织等重点耗能行业,组织实施节能降碳重点工程,提高资源投入产出率。调整原料结构,合理控制新增原料用煤,适度增加油气用量,推动石化化工原料轻质化,鼓励企业以电力代替煤炭作为燃料。全面推进能源综合梯级利用,积极倡导企业进行改造升级,充分利用余热余压,采取能量阶梯利用方式,提高能源利用效率,优化生产中的能源分配。实施绿色提升工程,实行产品全生命周期绿色管理,增强绿色发展新动能。加快提高清洁生产水平,坚持源头预防、全过程控制原则,以削减二氧化硫、氮氧化物、烟(粉)尘和挥发性有机物等主要大气污染物的产生量与排放量为目标,依法在"双超双有高耗能"行业实施强制性清洁生产审核,确保应当实施清洁生产审核的企业100%完成审核。

(3) 实施节能和能效提升计划

把节能贯穿于经济社会发展全过程和全领域,持续深化工业、建筑、交通运输、公共机构、商贸流通领域节能增效,开展资源效率对标提升行动,提升行业资源、能源利用效率。整合园区碳管理制度与环境管理制度,以排查"两高"项目为重点,建立能耗与碳排放清单,实施全生命周期监控管理,推进近零碳排放区示

范工程建设,探索建设零碳园区。提升统计监测、核算能力和信息化实测水平,引导重点用能单位建设企业能源管控平台,推广工业智能化用能监测和诊断技术,实现能源管理工作规范化、程序化和标准化,促进企业节能减排。推进重点用能设备节能增效,瞄准国际先进水平,加强能效对标对表,推广先进、高效的产品设备,淘汰落后、低效设备。

3. 聚焦低碳循环,开展重点产业转型行动

(1) 坚决遏制"两高一低"项目盲目发展

严格落实长江经济带发展负面清单指南,推进工业企业资源利用绩效评价,重点围绕热电、化工、铸造等行业,加大落后产能排查淘汰力度。加快存量产能改造升级,坚持控制增量与做优存量相结合,鼓励有实力的企业开展兼并重组,提升行业集中度,改善产品同质化现状,实现行业资源有效配置。严格落实节能审查、环境影响评价政策,提高工业项目能效准入、污染物和碳排放标准,从源头遏制"两高"项目盲目建设。全面开展高耗能高排放行业整治,加强产能过剩预警分析和窗口指导,对石化化工、造纸、纺织、服装等行业新增用能的新、改建项目实行减量置换。实施高耗能高排放行业对标达标机制,依法依规腾退高危险、高耗能、高污染、低水平产业,提高沿江地区产业绿色化、安全化发展水平。

(2) 重点推进重点行业碳达峰

加快推动化工行业碳达峰,严控低端产能,优化产业结构,鼓励龙头企业向高附加值精细化工产业延伸,全力打造以功能性高分子材料为主导的化工新材料产业、以生命健康和植物保护为主导的精细化学品产业集群。积极发展以合成橡胶、工程塑料、热固性树脂、丙烯酸树脂、高吸水性树脂等高分子材料为主导的新型化工材料产业,大力发展食品添加剂、医药保健品及配套原料,重点开发高性能环氧树脂、可生物降解高吸水树脂、高吸水性能和高舒适性能材料的生产技术,突破材料性能及成分控制等方面的工艺瓶颈,推动企业往绿色、清洁、可持续方向发展,切实提升行业降碳固碳水平。尽快实现造纸行业碳达峰,充分挖掘制纸节能潜力,定期开展节能诊断,推进企业工艺技术装备改进,引进先进的节能技术、装备,提升热电机组产汽、产电效率,以及风机、电机等耗能设备的能源利用效率,减少污染排放,提高安全生产水平。稳步推进纺织服装行业碳达峰,围绕原材料、研发、制造、产品、销售全产业链实施绿色转型,逐步形成全行业绿色投资、绿色设计、绿色生产、绿色流通体系。推广无水/少水印染加工技术和装备,加快熔体直纺、印染短流程等节能技术推广应用,加强可降解纤维材料开发,推动环保装备、信息技术、生物技术等创新成果深度融合,增强绿色低碳循环发展新动力。

（3）大力发展绿色低碳新兴产业

加快产业智能化改造和数字化转型，以"智能＋工业"深度融合为核心，加速新一代信息技术在制造业的广泛布局和应用，促进制造业降本、提质、增效。深入实施智能制造工程，开展智能制造进园区、进集群专项行动，加快制造业数字化、网络化、智能化进程，推进示范智能车间、智能工厂建设，加强标杆示范引领。加快推动工业互联网发展，支持各领域的骨干企业通过自建或联合信息通信技术（ICT）企业的方式，培育一批具有行业特色的工业互联网平台。实施战略性新兴产业集群发展工程，坚定实施产业强市主导战略，推进产业基础高级化、产业链现代化，加快构建新一代信息技术、高端装备、医药健康、新能源"3＋1"先进制造业集群，打造长三角具有核心竞争力的高端产业基地。

（4）强化低碳服务业支撑作用

重点围绕节能与环保服务，积极推进第三方治理模式，培育一批集评估、咨询、检测、设计、运营等于一体的专业化节能服务企业。创新合同能源管理服务模式，运用大数据、云计算、人工智能等现代化信息技术，开展诊断、设计、融资、建设、运营等合同能源管理"一站式"服务。积极开展节能诊断服务，针对关键共性重点耗能环节和系统开展节能诊断，研发推广能效提升解决方案，培育解决方案服务商，采取合同能源管理等多种方式，鼓励企业实施节能降碳改造升级。培育碳交易咨询、碳资产管理、碳金融服务等碳交易服务机构，推动碳市场服务业发展，确保高水平参与碳排放权交易市场。大力发展城市绿色配送、智慧物流，鼓励发展"互联网＋货运物流"新业态，拓展建设智慧物流信息服务平台，实现以铁水联运为重点的货运"一单制"服务，促进物流管理体制一体化、标准化。

（5）大力发展循环经济

推动园区企业循环式生产、产业循环式组合，组织企业实施清洁生产改造，促进废物综合利用、能量梯级利用、水资源循环使用，推进工业余压余热、废水废气废液的资源化利用，积极推广集中供气供热。利用新技术助推绿色制造业发展，实现现有循环化园区的提质升级，引导创建一批绿色示范工厂和绿色示范园区。加快完善固废资源综合利用体系，推动固体废弃物处置利用全区域统筹、全过程分类、全品种监管和全链条循环。推动建筑垃圾资源化利用，推广废弃路面材料原地再生利用。扎实推进生活垃圾分类，加强塑料污染全链条治理，整治过度包装，推动生活垃圾源头减量，全面实现分类投放、分类收集、分类运输、分类处理。

4. 围绕节能便捷，开展住行设施提升行动

（1）提升新建建筑节能水平

持续提高新建建筑节能标准，推进新建建筑绿色建筑评价标识全覆盖，严格落实建筑节能强制性标准，到2025年，园区内新建民用建筑绿色建筑达标率达到100%。加强高品质绿色建筑项目建设，大力推广适用不同类型建筑的节能低碳技术，大力发展超低能耗、近零能耗、零能耗建筑，推动政府投资项目率先示范，创建一批节能低碳、智慧宜居的绿色建筑示范区。深入推行绿色施工，实施绿色建筑全产业链发展计划，加强新建建筑生命周期全过程管理。大力发展装配式建筑，促进装配式建筑规模性开发建设和区域性推广应用。完善绿色低碳建材产品标准和认证评价体系，建立产品发布制度。推广绿色施工管理，探索建立工程项目绿色施工动态考核评价体系，使大型项目全面达到国家规定的绿色施工评价优良标准。

（2）提升既有建筑能效水平

深入开展机关办公建筑和大型公共建筑能源统计、审计和公示工作，分类制定、发布公共建筑用能限额指标，实施基于用能限额的公共建筑用能管理。深入拓展可再生能源建筑的应用形式，推广太阳能光热、浅层地热能、空气能等新能源建筑一体化应用，大幅提高建筑采暖、生活热水、炊事等方面的电气化普及率。以政府机关办公建筑和大型公共建筑节能改造为重点，结合老城改造、环境整治、既有建筑危房改造、抗震加固、加装电梯等工程同步实施建筑绿色化改造，有效提升居住水平。

（3）深入推动绿色交通发展

加快推动公交专用道、慢行系统等设施建设，积极推广节能低碳型交通工具，扩大电力、天然气等清洁能源在交通领域的应用范围，健全交通运输装备能效标识制度，提高燃油车、船能效标准，加快淘汰高耗能高排放老旧车、船。加快新能源和清洁能源供给设施建设，探索清洁可再生能源在公路服务区、港区、客运枢纽、物流园区、公交场站等区域的应用，推广码头和船舶岸电设施利用，建设便利高效的充电桩、配套电网、加气站等基础设施。

（4）推动园区建设低碳转型

优化城乡空间布局，以生产空间集约高效、生活空间宜居适度、生态空间山清水秀为目标，构建安全和谐、富有竞争力和可持续发展的空间格局。高质量推动开发区空间再造，完善、优化空间结构和产业布局，合理划定开发边界，推动组团式发展，强化开发区绿色低碳建设。加强城市生态廊道建设，严格管控高耗能公共建筑、超高层建筑，强化既有建筑拆除管理，禁止在城镇空间以外地区开展大规模城镇建设和工业化活动。全面优化城市环境,加快布局"城市公园绿地 10 分钟服务圈",持续提升能达商务区中心城区功能品质。合理配置城市功能要素、产业资源、生产要素,加强城镇老旧小区改造和社区建设,擦亮"产城融合、宜业宜居"的"南通金南翼"品牌。

5. 突破关键技术,开展低碳科技创新行动

(1) 强化绿色技术创新能力

进一步推进与上海、苏南地区科技创新和产业发展的深度融合,积极承接上海、苏南向外转移的先进制造业,建立以企业为主体、市场为导向、产学研深度融合的产业科技创新体系。重点支持企业面向参与世界分工的低碳技术领域的研究和产业绿色升级主攻方向的研究,联合参与国家重大绿色装备等方面的技术攻关工程,集中企业力量在重点低碳技术研发上联合创新,共建联合实验室,增强研发活动的完整性、连续性和系统性,打造具有竞争力的产业创新生态。围绕碳达峰、碳中和目标需求,进一步加快推进平台建设,确保区内所有骨干企业实现工程技术研究中心全覆盖、所有规上企业实现技术研发中心全覆盖,谋划建设一批国家级、省级产业创新中心、制造业创新中心等绿色低碳领域的重大创新载体。以产业转型需求为导向,围绕新一代信息技术、绿色低碳等交叉融合领域开展技术研发,为能源关键领域实现高质量低碳转型提供有力支撑。

(2) 加强绿色低碳技术攻关和应用推广

积极探索科技攻关新机制,实施"揭榜挂帅"制度,聚焦能源、工业、建筑等重点领域,加快突破一批国家相关部门推荐的先进污染防治技术、国家重点节能低碳技术、大气污染防治先进技术、节水治污水生态修复先进适用技术、环境保护重点支撑技术(设备)等低碳、零碳、负碳技术。积极开展可再生能源发电、能源互联网、二氧化碳捕集利用和封存(CCUS)等相关新技术、新装备、新材料的攻关,形成更多自主原创核心成果。聚焦前瞻性绿色低碳科技成果领域,支持企业与高校院所合作,共建科技成果产业化基地,畅通技术转移转化渠道。研发推广园区能源梯级利用、减污降碳协同增效及零碳工业流程再造、碳捕获碳储存等技术,集成推广一批绿色发展领域的重大技术成果。完善绿色低碳技术推广机制,探索制定绿色低碳产品指导目录,加大绿色低碳产品政府采购力度。

(3) 营造绿色科技创新生态

围绕绿色低碳基础与前沿、共性关键技术,健全科技评价体系和激励机制。研究出台绿色技术创新企业的专项财税优惠政策,推动成立绿色低碳产业投资

基金,聚焦支持绿色低碳科技型中小企业。鼓励各类投资基金投向绿色低碳科技型企业,支持市场资本进入创新链上游环节,提升发展创业投资、产业投资基金等科技金融服务。进一步强化企业创新主体地位,鼓励企业牵头或参与财政资金支持的绿色技术研发项目、市场导向明确的绿色技术创新项目,鼓励相关设施、数据、检测等资源开放共享。鼓励有条件企业组建行业研究院、建设自主品牌大企业和领军企业先进技术研究院,提升低碳共性基础技术研发能力。优化完善星湖人才政策体系,吸引集聚一批全球顶尖的"高精尖缺"低碳科技战略人才、领军人才和创新团队,打造碳达峰领域专家智库。加快完善重点领域人才培养方案,进一步加强光伏风电等可再生能源领域的人才培养,加快传统能源动力、电气、交通运输和建筑等重点领域的专业人才培养和企业的转型升级。

6. 加强生态保护,开展低碳社会共建行动

(1) 加强生态空间管控与保护

衔接国土空间规划分区和用途管制要求,将碳达峰、碳中和要求纳入"三线一单"分区管控体系。严格执行土地使用标准,加强节约集约用地评价,推广节地技术和节地模式。坚持林地、绿地、湿地、自然保护地"四地"同建,提高蓝绿空间生态功能。全力做好长江大保护工作,贯彻落实"共抓大保护,不搞大开发"和"生态优先,绿色发展"的总体要求,以持续改善长江水质为中心,以生态景观打造、岸线腾退等重点工作为抓手,扎实推进生态环境治理工程,统筹做好十年禁渔工作和渔民生活保障,打好长江保护修复攻坚战。以钢丝绳行业整治、化工园区优化提升为抓手,进一步优化全区产业结构,提升产业绿色发展水平。加快绿色生态廊道建设,实施更深层次的"见缝插绿"行动,全面串联江、海、河及城市各生态板块,构建绿色生态廊道,打造生态景观闭环。同时进一步提档升级,丰富植物品种,增加绿化景观层次,建成高标准滨江生态公园。

(2) 倡导绿色低碳生活方式

大力推广绿色消费理念,完善促进绿色消费的政策体系,坚决抵制和反对各种形式的奢侈浪费,倡导简约适度、绿色低碳的生活方式和消费方式。支持发展共享经济,鼓励个人闲置资源有效利用,有序发展网络预约拼车、民宿出租、旧物交换利用等。实施绿色办公,机关、企事业单位和社会团体优先采购可以循环利用、资源化利用的办公用品,逐步推行"无纸化办公"、视频会议等电子政务。推广绿色低碳产品,完善绿色产品认证与标识制度。充分发挥政府主导作用和企业带头作用,提升绿色产品在政府采购中的比例,国有企业带头执行《企业绿色采购指南(试行)》。深入开展绿色机关、绿色学校、绿色商场、绿色社区、绿色家

庭等创建活动,将绿色低碳贯穿经济社会发展的各环节和全过程。

(3) 强化绿色低碳思想认知

以全国节能宣传周、全国低碳日等为重点在全社会开展形式多样的节能低碳宣传活动,在全社会倡导简约适度、绿色低碳、文明健康的生活方式。引导企业主动适应绿色低碳发展要求,强化环境责任意识,树立能源、资源节约观念,提升绿色创新水平。国有企业要制定碳达峰行动方案,积极发挥示范引领作用。重点用能单位要梳理核算自身碳排放情况,深入研究碳减排路径,开展清洁生产评价认证,"一企一策"制定专项工作方案,推进节能降碳。

第 7 章

长三角生态工业园区碳排放影响因素分析

无论是推进区域经济发展转型还是落实碳减排承诺,都必须分析工业园区碳排放增长的关键因素。开展工业园区碳排放影响因素分解,可以有针对性地制定减排政策,对于推进园区低碳化改造有着重要的理论和现实意义。本章从产业发展、低碳转型、环境影响、政府支持几个方面构建碳排放影响因素指标体系,采用熵权法确定指标权重。由分析可知,影响工业园区碳排放的因素主要有:能源消费总量、能源结构、工业化水平、污染物排放情况等,以锡山经济技术开发区作为实证研究对象,对其工业生产碳排放的影响因素进行分解。

1 碳排放影响因素指标体系构建

1.1 指标选取原则

（1）导向性原则

生态工业园区绿色低碳发展工作需要社会的支持，主要方法是改变经济发展方式，在可承受的环境价格基础上实现可持续发展目标。因此，指标设计中需要兼顾社会、经济承受的环境价格，在此基础上实现可持续发展目标。

（2）数据可得性原则

为确保指标数据可以获取，各项的选取应尽可能综合参考地区统计年鉴和公报等现有统计资料，避免数据获取过程出问题。本书主要基于2021年长三角生态工业园区的数据进行实证分析。

（3）兼顾完备性与简明原则

选择指标时，应尽可能考虑所有相关方面，以确保体系的有效性，避免过于复杂而导致操作问题，尽可能达到描述产业绿色转型升级态势的最小完备集。

（4）注重系统协调性原则

生态工业园区是一个有机的整体，各子系统指标要注意协调，避免作用重复，因此在构建指标体系时要注意各子系统及其指标的协调性和整体性。

1.2 指标说明

生态工业园区绿色低碳发展需要基于环境容量，以绿色经济高质发展活力为动力，以政府支持为保障，通过产业结构的调整、能源消耗的降低、污染物排放的减少来实现人与自然的和谐发展，达成绿色低碳发展的最终目的。绿色低碳发展作为一种可持续的发展模式，最终目的是提高生态环境质量、改善并维系人类生存环境，以达到可持续发展的目标。本章绿色低碳发展评价指标体系从更深层次的角度出发，从产业发展、低碳转型、环境影响和政府支持四个维度考量构建。

产业发展：该指标是对工业园区经济效益增长程度的度量，也是产业发展程度的反映。产业发展指标包括人均工业增加值、单位工业用地面积工业增加值2项指标。

低碳转型：该指标是产业发展过程中资源利用程度的反映，也是对未来绿色低碳发展的预测。低碳转型指标包括单位工业增加值综合能耗、单位工业增加值新鲜水耗、高新技术企业工业总产值占园区工业总产值比例、单位工业增加值二氧化碳排放量年均削减率4项指标。

环境影响：低碳发展离不开合理分配资源以及有效利用环境容量，只有在绿色低碳发展模式中，提高环境保护意识、加强环境治理，才能有助于提高资源利用率，更快实现可持续发展。环境影响指标包括单位工业增加值废水排放量、单位工业增加值固废产生量、主要污染物排放弹性系数、工业固体废物处置利用率4项指标。

政府支持：政府政策是产业绿色发展的重要支撑，政府政策的方向和实施直接影响地方产业的绿色转型和发展。政府支持指标包括绿化覆盖率、环境管理能力完善度、生态工业信息平台完善程度3项指标。

1.3 指标体系构建

由于该类研究尚未存在统一、权威的指标评价体系，本书采取较为主观的评价指标筛选方式，通过对相关研究文献的归纳分析，对比多个评价指标体系及其实证分析结果的合理性，选取高频指标，构建评价指标体系。本书主要参考了以往研究成果，同时突出对产业、能源、污染减排的绿色低碳发展评价，对部分指标进行删减和更改，构建了碳排放评价指标体系（见表7.1）。

表7.1 生态工业园区碳排放评价指标体系

一级指标	二级指标	三级指标	指标方向
碳排放影响综合指数	产业发展	人均工业增加值（万元/人）	正
		单位工业用地面积工业增加值（亿元/平方千米）	正
	低碳转型	单位工业增加值综合能耗（吨标煤/万元）	负
		单位工业增加值新鲜水耗（立方米/万元）	负
		高新技术企业工业总产值占园区工业总产值比例（%）	正
		单位工业增加值二氧化碳排放量年均削减率（%）	负

续表

一级指标	二级指标	三级指标	指标方向
碳排放影响综合指数	环境影响	单位工业增加值废水排放量(吨/万元)	负
		单位工业增加值固废产生量(吨/万元)	负
		主要污染物排放弹性系数	负
		工业固体废物处置利用率(%)	正
	政府支持	绿化覆盖率(%)	正
		环境管理能力完善度(%)	正
		生态工业信息平台完善程度(%)	正

国际上目前并没有标准的绿色低碳发展评价方法,国内在这一方面有一些研究,但研究视角、种类较多,主要区别体现在研究对象上,如对资源型城市和非资源型城市与产业的研究。本书在归纳总结了多篇相关研究文献后,发现在构建指标体系的过程中,需要对每项指标进行赋权。根据当前的研究,有两种主要的赋权方法,一种为主观赋权评估方法,另一种为客观赋权评估方法。其中,主观赋权评价法是相关人士或专家基于主观判断给每个指标进行直接打分或赋予权重,具体的研究方法有层次分析法、综合评分法、功效系数法等。而客观赋权评价法的客观性体现在其是基于一些模型或数理关系计算出各个指标之间的关系系数来确定权重,其主要的方法有熵权法、灰色关联分析、主成分分析以及因子分析等。这两种评价方法各有其优点与特色,就本章研究内容来说,评价体系内各项指标关系较为复杂且种类较多,国际上也没有相关的权威性评价指标体系,为保证评价的客观性、有效性、合理性,客观赋权评价法较主观赋权评价法更为合适,所以需对各项评价指标进行客观赋权。而基于已收集到的数据,本书最终决定采用熵权法确定指标权重,其计算步骤如下:

(1) 原始指标数据的标准化处理

由于不同的指标在量纲上存在较大差异,为了解决由此导致的不可公度性,各指标数据在应用前需先进行标准化处理。本文采用 min-max 标准化法。正向指标是指标越大,对碳排放评价响应越强,负向指标则与之相反。

正向指标:

$$y_{ij}^+ = \frac{X_{ij} - \min(X_{ij})}{\max(X_{ij}) - \min(X_{ij})} \tag{7.1}$$

X_{ij}——评价指标体系原始矩阵中第 i 个评价指标对应的第 j 个处理的原始值。

y_{ij}^+——正向指标经标准化处理后,第 i 个评价指标对应的 j 个处理的值。

负向指标：
$$y_{ij}^- = \frac{\max(X_{ij}) - X_{ij}}{\max(X_{ij}) - \min(X_{ij})} \quad (7.2)$$

y_{ij}^-——负向指标经标准化处理后，第 i 个评价指标对应的 j 个处理的原始值.

(2) 计算各指标的信息熵

根据信息熵定义，各指标的信息熵计算公式为

$$\begin{cases} E_{ij} = \ln(n)^{-1} \sum_{i=1}^{n} p_{ij} \ln(p_{ij}) \\ p_{ij} = \dfrac{y_{ij}}{\sum_{i=1}^{n} y_{ij}} \end{cases} \quad (7.3)$$

p_{ij}——标准化后矩阵的特征比重值。

E_{ij}——各个指标的信息熵。

如果 $p_{ij}=0$，则定义熵为 0.

(3) 确定各指标权重

根据信息熵的计算公式，计算出各个指标的信息熵，通过信息熵计算得到各指标的权重，计算公式为

$$W_i = \frac{1 - E_{ij}}{\sum_{i=1}^{n}(1 - E_{ij})} \quad (7.4)$$

W_i——各指标权重.

通过以上步骤得到的各指标权重如表 7.2 所示。

表 7.2 生态工业园区碳排放影响评价指标权重表

一级指标	二级指标(权重)	三级指标(权重)
碳排放影响综合指数（权重1）	产业发展(0.203)	人均工业增加值(0.107)
		单位工业用地面积工业增加值(0.096)
	低碳转型(0.509)	单位工业增加值综合能耗(0.153)
		单位工业增加值新鲜水耗(0.096)
		高新技术企业工业总产值占园区工业总产值比例(0.112)
		单位工业增加值二氧化碳排放量年均削减率(0.148)
	环境影响(0.184)	单位工业增加值废水排放量(0.062)
		单位工业增加值固废产生量(0.037)
		主要污染物排放弹性系数(0.033)
		工业固体废物处置利用率(0.052)
	政府支持(0.104)	绿化覆盖率(0.028)
		环境管理能力完善度(0.047)
		生态工业信息平台完善程度(0.029)

2 碳排放影响因素分析

影响生态工业园区碳排放的因素主要有：人口数量、GDP、能源消费总量、能源结构、能源强度、经济结构、工业化水平、技术进步、绿化情况、污染物排放情况、生态环境保护能力等。

国内外已经有较多学者对 CO_2 排放驱动因素进行部分研究，并证明了 LMDI 是可广泛用于能源、碳排放等领域的因素分解方法。本部分将探讨影响锡山经济技术开发区（以下简称锡山开发区）工业生产 CO_2 排放量的因素，鉴于锡山开发区短期内能耗碳排放强度几乎不变，能耗碳排放强度变化量 ΔCI 可设定为 0。因此，本部分将影响工业生产 CO_2 排放量的因素设定为 4 个：能源结构、能耗强度、产业结构、经济产出。采用 LMDI 分解方法分析影响锡山开发区 CO_2 排放量变化的因素，锡山开发区 CO_2 排放量影响因素分解模型如下：

$$CE^t = \sum_i \sum_j CE^t_{ij} = \sum_i \sum_j \frac{C_{ij}}{E_{ij}} \frac{E_{ij}}{E_i} \frac{E_i}{Y_i} \frac{Y_i}{Y} Y$$
$$= \sum_i \sum_j CI^t_{ij} \times FS^t_{ij} \times IEI^t_{ij} \times IES^t_{ij} \times Y \quad (7.5)$$

各变量代表的意义如表 7.3 所示。

表 7.3 各变量代表的意义

变量	意义
CE	CO_2 排放量
t	年份
i	行业部门
j	能源品种
C	燃料的碳排放量
E	能源消费量
Y	经济产出
CI	能耗碳排放强度

续表

变量	意义
FS	能源结构
IEI	能耗强度
IES	产业结构

由于能耗碳排放强度变化量 ΔCI 设定为 0，从基期 0 到第 t 期的 CO_2 排放变化量 ΔCE 可以表示为

$$\Delta CE = CE^t - CE^0 = \Delta FS + \Delta IEI + \Delta IES + \Delta Y \tag{7.6}$$

式中，ΔFS——能源结构对 CO_2 排放量的影响．

ΔIEI——能耗强度对 CO_2 排放量的影响；

ΔIES——产业结构对 CO_2 排放量的影响；

ΔY——经济产出对 CO_2 排放量的影响．

根据 Ang 提出的 LMDI 分解方法的具体步骤，采用影响因素分解的加法公式，将式(7.6)分解如下：

$$\begin{cases} \Delta FS = \sum_{ij} \dfrac{CE^t - CE^0}{Ln(CE^t/CE^0)} Ln \dfrac{FS^t}{FS^0} \\[2mm] \Delta IEI = \sum_{ij} \dfrac{CE^t - CE^0}{Ln(CE^t/CE^0)} Ln \dfrac{IEI^t}{IEI^0} \\[2mm] \Delta IES = \sum_{ij} \dfrac{CE^t - CE^0}{Ln(CE^t/CE^0)} Ln \dfrac{IES^t}{IES^0} \\[2mm] \Delta Y = \sum_{ij} \dfrac{CE^t - CE^0}{Ln(CE^t/CE^0)} Ln \dfrac{Y^t}{Y^0} \end{cases} \tag{7.7}$$

3 案例分析

本部分以锡山开发区作为实证研究对象，对其工业生产 CO_2 排放量的影响因素进行分解。锡山开发区地处江苏无锡，始建于 1992 年，2011 年被批准为国家级开发区，经过多年的发展，已有企业 500 多家，涵盖电子信息、高端装备、精

密机械等产业。近年来,开发区加快产业结构升级和转变增长方式,淘汰落后产业,全力发展新兴产业。从产业发展、经济结构转型等方面来看,锡山开发区的经验对于全国其他国家级开发区具有示范引领作用。通过测算2013—2022年锡山开发区工业生产消耗电力、原煤、天然气、汽油、柴油、石油气所产生的CO_2排放量,同时限于数据的可得性,考虑到规模以上工业企业的产值和能耗占比较大,故采用锡山开发区2013—2022年规模以上工业企业的数据进行测算分析,数据来源于开发区能源统计数据。

3.1 2013—2022年CO_2排放量变化

2013年以来,锡山开发区各产业工业生产的CO_2排放总量不断攀升(见图7.1),2013年CO_2排放总量约133万吨,2022年上升到213万吨,年均增长率达5.36%。由表7.4可知,在CO_2排放总量上升的同时,CO_2排放强度在产业升级、能源结构优化等影响下不断下降,CO_2排放强度从2013年的0.54吨/万元降到2022年的0.43吨/万元,降幅达20.37%。

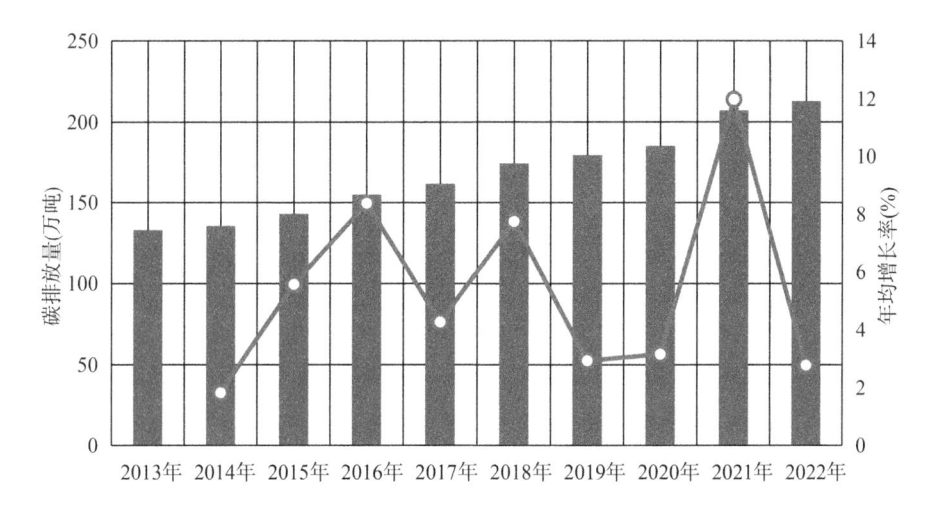

图7.1 2013—2022年研究区CO_2排放量及年均增长率

表7.4 开发区碳排放强度统计

年份	碳排放强度(吨/万元)	碳排放强度下降率(%)
2013年	0.54	—
2014年	0.52	3.99
2015年	0.51	1.06
2016年	0.53	−3.63

续表

年份	碳排放强度(吨/万元)	碳排放强度下降率(%)
2017 年	0.52	2.31
2018 年	0.52	−0.26
2019 年	0.48	8.35
2020 年	0.47	2.12
2021 年	0.43	7.27
2022 年	0.43	0.90

3.2 CO_2 排放影响因素分析

运用 LMDI 模型,对锡山开发区 2013—2022 年工业企业 CO_2 排放量进行因素分解,得到能源结构、能耗强度、产业结构、经济产出的累积贡献值(见图 7.2),各因素的逐年贡献值见图 7.3。

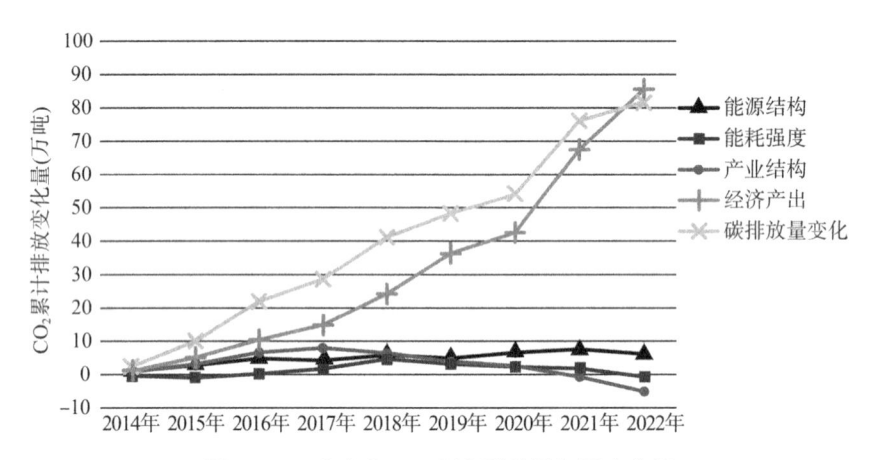

图 7.2 工业企业 CO_2 累积排放量与因素分解

具体分析能源结构、能耗强度、产业结构、经济产出 4 个因素对锡山开发区 CO_2 排放量的影响。

(1) 能源结构

能源结构在多数年份均表现为"增排"因素,仅在个别年份表现为"减排"因素,但是,能源结构对 CO_2 排放量的影响相对较小。表 7.5 展示了 2013—2022 年开发区工业能耗结构对比情况,可以看出,电力、原煤、天然气占据了能耗的 90% 以上,原煤的消耗呈明显下降趋势,天然气的占比则上升,这从一定程度上反映出开发区能源结构的优化。但是,能源结构的调整是个长期的过程,研

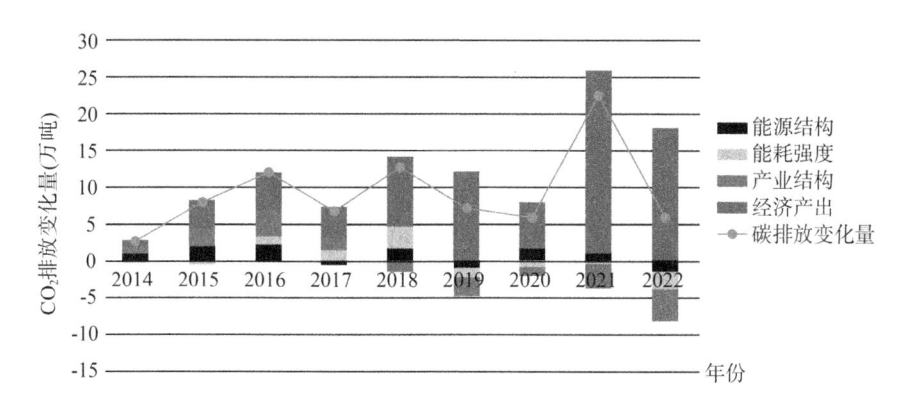

图 7.3 工业企业 CO_2 逐年排放量与因素分解

究期内 10 年的数据尚未体现能源结构调整对碳排放的"减排"效应。

表 7.5 开发区能耗中主要能源的占比(%)

年份	电力	原煤	天然气	汽油	柴油	石油气
2013 年	57.97	33.13	7.62	0.36	0.85	0.07
2014 年	58.62	31.73	8.61	0.24	0.73	0.06
2015 年	59.11	32.01	8.16	0.21	0.46	0.06
2016 年	58.60	28.69	7.32	0.30	1.28	3.81
2017 年	58.70	29.51	11.06	0.14	0.39	0.20
2018 年	60.70	27.33	11.41	0.16	0.33	0.07
2019 年	62.71	27.31	9.42	0.15	0.38	0.04
2020 年	64.41	24.88	10.05	0.20	0.41	0.05
2021 年	66.26	23.05	10.07	0.16	0.40	0.06
2022 年	66.18	21.66	11.63	0.10	0.41	0.01

(2) 能耗强度

能耗强度是开发区 CO_2 "减排"因素之一。这主要得益于开发区近年来稳步推进节能减排工作，如整治燃煤小锅炉、提高电厂热电联产效率、引入区外燃气热电进行集中供热、完善区域供热管网、扩大集中供热范围等。数据显示，开发区 2022 年的单位工业增加值能耗相比 2013 年下降了 20.5%，说明开发区能耗强度对 CO_2 排放体现为"减排"效应。

(3) 产业结构

与能耗强度相似,产业结构也是开发区 CO_2 "减排"因素之一。其影响效应在2018年出现拐点,2018年之前,产业结构对 CO_2 排放呈现促进作用,2018年之后呈现减排效应。这得益于开发区产业结构优化升级,在研究期内,开发区深入推进"三高两低"企业整治工作,加快淘汰纺织、橡胶等传统低端低效产能,搬迁不符合产业定位的工业企业,2020年之前搬迁67家,关闭148家。与此同时,开发区全力打造新兴产业,加快产业结构的升级和增长方式的转变。

分析各产业的情况,通过分析各产业能耗占比(见表7.6)、测算各产业碳排放量(见图7.4),2013—2022年8个产业工业生产的 CO_2 排放量总体呈现增长趋势。其中,设备制造业2022年 CO_2 排放量较2013年增长了321.74%,计算机通信和其他电子设备制造业增长了41.14%,接近于 CO_2 排放总量的增长。总体而言,设备制造业 CO_2 排放量增长幅度最大,计算机通信和其他电子设备制造业 CO_2 排放基数较大,这两个产业是影响开发区碳排放量变化趋势的重要因素。

表7.6 开发区各产业能耗占比(%)

年份	计算机通信和其他电子设备制造业	设备制造业	金属/非金属制品业	食品及农副产品加工业	橡胶和塑料制品业	纺织业	印刷和记录媒介复制业	电力、热力的生产和供应业
2013年	50.07	11.62	3.61	1.29	10.10	15.23	0.43	7.64
2014年	49.27	12.85	3.92	1.22	8.88	15.50	0.57	7.80
2015年	48.63	14.74	3.76	1.29	8.29	14.35	0.57	8.36
2016年	50.76	13.07	3.33	1.51	8.90	13.58	0.55	8.30
2017年	47.61	17.40	3.35	1.11	10.06	11.86	0.42	8.19
2018年	52.09	16.70	3.02	1.09	7.21	11.50	0.65	7.74
2019年	51.31	19.27	2.86	1.18	6.11	11.30	0.53	7.44
2020年	50.80	20.50	3.16	2.25	5.60	9.63	1.38	6.67
2021年	47.05	24.84	3.19	2.20	6.05	9.36	1.27	6.03
2022年	44.17	30.63	2.94	1.86	5.25	8.50	1.03	5.61

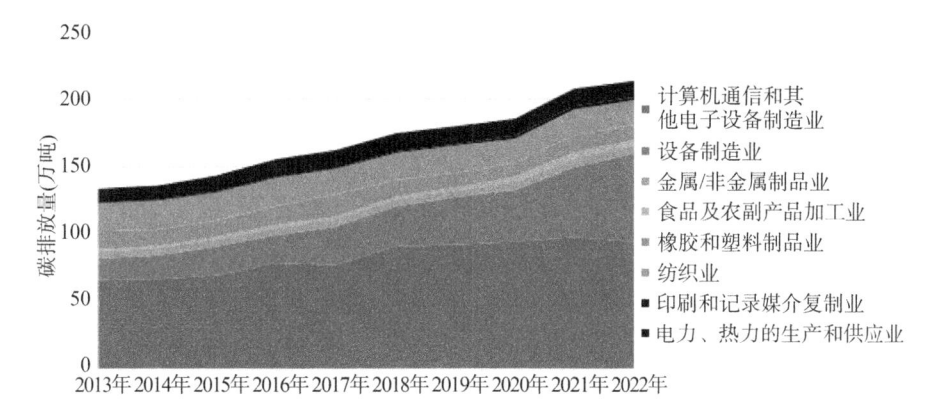

图 7.4　2013—2022 年开发区各产业工业生产的碳排放量

（4）经济产出

经济产出因素是 CO_2 排放量增长的最主要因素，CO_2 排放量的增长与经济产出变化趋势基本一致，并且，经济产出的促进作用在这几年尤为明显。

3.3　锡山经济技术开发区低碳发展建议

本部分以锡山经济技术开发区作为研究对象，选取 2013—2022 年 CO_2 排放数据，对开发区工业生产的 CO_2 排放现状进行分析，基于 LMDI 分解方法对锡山开发区 CO_2 排放量进行分解。通过分解得出开发区 CO_2 排放受能源结构、能耗强度、产业结构、经济产出 4 个因素的影响，结果发现：

① 能源结构在多数年份均表现为"增排"因素，仅在个别年份表现为"减排"因素，但是，能源结构对 CO_2 排放量的影响相对较小。

② 得益于开发区稳步推进节能减排工作，能耗强度是开发区 CO_2 "减排"因素之一。

③ 由于开发区近几年产业结构优化升级，产业结构的影响效应在 2018 年出现拐点，2018 年之前呈现"增排"效应，2018 年之后呈现"减排"效应。设备制造业 CO_2 排放量增长幅度最大，计算机通信和其他电子设备制造业 CO_2 排放基数较大，这两个产业是影响开发区碳排放量变化趋势的重要因素。

④ 经济产出因素是 CO_2 排放量增长的最主要因素，CO_2 排放量的增长与经济产出变化趋势基本一致，其促进作用在这几年尤为明显。

基于上述实证分析结论，我们认为，锡山经济技术开发区要降低 CO_2 排放量，尽快完成碳达峰、碳中和的目标，必须从以下几个方面入手：

一是企业生产方式的重塑。锡山开发区启动建设较早，并一直处于滚动开发中,区内存在一些老旧企业,这些企业的低碳转型尤为关键。企业需立足技术创新、改善节能环境,积极推进以"节能、降耗"为主的清洁生产审核工作,从改进生产工艺、降低能耗等方面推进低能耗生产,开展绿色化改造工程,比如引进工业机器人、安装车间自动控制系统、实施余热回收、铺设太阳能光伏板等,从而实现企业生产方式重塑及企业低碳转型。

二是开发区产业的转型升级。强化规划顶层设计,优化产业空间布局,加快发展新经济、新业态,加快传统产业提质增效与升级,引导产能过剩企业将生产要素流动、配置到新兴行业,深化人工智能、大数据、云计算等新一代信息技术与传统产业的融合发展。打造能源集约利用产业链,增强绿色发展新动能,比如推进分布式光伏项目、建设区域微网项目和储能项目、打造能源互联网示范区、开展能源管理体系认证等。立足区域资源禀赋和基础条件,建设绿色低碳创新研发平台,带动碳中和相关产业协同发展。

第 8 章

企业碳减排实施进展及对策建议

长三角生态工业园区企业数量众多,行业分布广泛,规模差异较大,减排方式多种多样,较难构建统一的量化标准进行横向比较。为此,本章选取典型企业碳减排案例,对它们在推进碳减排、实现碳中和目标上采取的代表性举措以及取得的成果进行探讨,从企业层面为长三角生态工业园区碳减排提供指导,推动企业碳减排工作深入开展。

1　企业碳减排研究进展

目前,研究关注的"双碳"政策主体是广泛、多元的,需要在多元主体的政策协同下收获高效的"双碳"治理效果,而多责任主体的"双碳"政策制定却较少涉及企业的多样化、差异化角度。学者们在进行企业层面的研究时更多进行描述性分析,从制度颁布、技术创新、工厂及相关机构设立等角度研究企业推进碳中和的工作。赖小东等认为,企业的低碳政策提高了企业的绿色技术创新水平,是促进低碳发展的重要动力。刘楠峰等认为,碳配额分配、排放控制目标、市场结构等制度提升了企业碳减排的环境绩效。就碳减排政策文本量化来看,赵立祥等通过构建 PMC 指数模型并结合文本挖掘方法,对命令控制手段、碳排放权交易和碳税政策进行量化评价。朱震等构建碳减排相关政策文本数据库,并对"十三五"时期以来国家层面发布的 15 项碳减排政策进行量化分析,结果显示存在政策功能不足、效力级别较低等突出问题。可见,对碳减排进程进行测度的相关研究大都集中在国家层面、省域层面和行业层面,较少有对企业层面的碳减排政策进行测度的研究。综上所述,现有研究主要关注"双碳"政策实施的宏观层面,没有对具体企业的碳减排推进程度进行量化,缺乏对企业实际碳减排实施进展的细致分析,也未提供具体建议指导。

吴红梅以我国可持续发展领域的 510 家 A 股上市企业作为研究对象,对选定的企业 2021 年碳排放实施进展进行了量化分析。分析结果表明,国有企业相较于民营企业在推动碳减排方面表现得更为出色,高污染企业碳减排实施平均水平明显高于非高污染企业,中东部企业碳减排实施平均水平高于西部企业。吴红梅据此提出了四项举措:加强民营企业的碳减排工作;在持续加强高污染企业碳减排监管的同时,应引导非高污染企业推进碳减排工作的实施;推动西部企业的碳减排工作;通过技术创新和制度建设推进"双碳"战略。

2 长三角生态工业园区企业碳减排实施进展

2.1 节能减排技术改造

长三角生态工业园区内企业通过原料替代、设备更新、工艺改进、提升能源利用率、能源结构优化、数字化智能管理等多种措施,推广节能减排技术改造等有关项目,节能减排取得可观成效。本部分以上海化学工业经济技术开发、杭州湾上虞经济技术开发区典型企业为例,其节能减排措施和成果如表 8.1 所示。

表 8.1 上海化学工业经济技术开发区典型企业节能减排措施和成果一览表

企业名称	节能减排措施	具体措施	成果
科思创聚合物（中国）有限公司	提升能源利用率	定期开展节能机会挖掘	70 多个节能项目基本落实,能耗下降 20%,累计节能 50 万吨标煤
	原料替代	购买 2 000 吨生物基材料进行部分原料替代	减少单位产品碳足迹
	技术升级	用迪肯(音)工艺制造氯	该制氯工艺比传统工艺能耗降低 70%
	工艺改进	硝酸制备过程中,使用特殊催化剂	减少了 90% 的氧化亚氮排放,即约减少 200 万吨二氧化碳当量的排放
上海赛科石油化工有限责任公司	提升能源利用率	2020 年开始对加热炉进行低温余热回收	减少外购热力需求
	循环经济	副产品氢(24 000 吨/年)输送至上海石化、华林气体、浦江气体、工业气体	减少园区内其他企业化石燃料使用(约减少 7 968 吨标煤),从而降低园区 CO_2 排放约 1.4 万吨
英威达尼龙化工（中国）有限公司	设备更新	空压机更新迭代	减少能耗
	提升能源利用率	根据季节温度不同进行蒸汽使用调节	减少夏季蒸汽使用量

续表

企业名称	节能减排措施	具体措施	成果
上海氯碱化工股份有限公司	提升能源利用率	焚烧炉热量回收	基本无须外购热力
	能源结构优化	屋顶光伏设计	减少外购电力
	循环经济	新装置的废水减量回收	减少废水排放量
	提升能源利用率	对天然气喷嘴做改造,使大火焰变成小火焰	减少天然气使用
	设备更新	使用电槽新设备	节电10%
	循环经济	催化氧化法回收氯化氢	节约原辅材料使用
上海化学工业区工业气体有限公司	工艺改进	增加新工艺,将CO_2循环利用;进入设备,提高CO_2选择率	直接减少CO_2排放
	提升能源利用率	余热回收,产生蒸汽	无须外购蒸汽
上海化学工业区升达废料处理有限公司	设备更新	高能耗泵换成低能耗泵	减少能耗
	数智化管理	电能监控系统智能分析能耗地方	挖掘节能潜力
	能源结构优化	屋顶光伏设计	减少外购电力需求
江苏中法水务股份有限公司	工艺改进	自来水厂的含泥废水脱泥回用	减少一半工业固废排放量

表8.2　杭州湾上虞经济技术开发区典型企业节能减排措施和成果一览表

企业名称	节能减排措施	具体措施	成果
浙江汇翔新材料科技股份有限公司	年产8.02万吨阴离子表面活性剂及2.1万吨特种聚醚项目	焚硫过程的热量通过余热锅炉进行回收后用于其他项目	余热回收,每年节约蒸汽7 775吨
浙江春晖环保能源股份有限公司	垃圾炉排炉技改工程	项目总投资8 635万元,淘汰原0#锅炉(循环流化床垃圾焚烧炉),在原址上新建机械炉排焚烧炉,垃圾处理量保持不变,煤用量降低,下降能耗量用于企业内部项目平衡	技改以后,每年可减少煤炭使用量约6万吨,从而达到减排降碳效果
	垃圾焚烧发电扩建项目	项目利用现有厂区内空余土地扩建一条500吨/日的生活垃圾焚烧发电生产线。项目建设内容为建设一台500吨/日炉排焚烧炉,配置1台12兆瓦抽背式汽轮发电机组,配套建设烟气净化系统等。利用余热锅炉回收垃圾焚烧产生的烟气余热、副产蒸汽进行发电	综合节约能源42 116 tce(等价值)

续表

企业名称	节能减排措施	具体措施	成果
浙江古越电源有限公司	年产180万千伏安时密封蓄电池技改项目	项目总投资1 000万元,改造利用现有化成车间,淘汰原外化成工艺,变成内化成工艺,主要有电解、配酸、铸造、固化干燥、内化成、检验等工艺流程	技改减少能耗1 176.42 tce(等价值)
绍兴兴欣新材料股份有限公司	2 700吨/年N-β-羟乙基乙二胺、200吨/年2-甲基哌嗪的技改项目	项目总投资1 200万元,改造利用现有五车间、六车间,购置管式反应器,原有工艺流程中釜式反应淘汰变更为管式反应,原有间歇精馏改为连续精馏,技改后产能保持不变	技改减少能耗296 tce(等价值)
浙江东海新材料科技股份有限公司	年产15 000吨有机颜料搬迁技改项目	项目总投资15 000万元,将建成区现有4 500吨有机颜料生产线搬迁至产业提升区,生产能力扩产到15 000吨,利用现有空地,按标准新建车间、危化品仓库、甲类仓库、丙类仓库等建筑,总建筑面积20 000平方米,形成年产15 000吨有机颜料(5 000吨酞青蓝、5 000吨耐晒红系列、5 000吨永固黄系列)的生产能力,主要有缩合反应、酸煮、重氮化、偶合、干燥等工艺流程	技改减少能耗3 010 tce(等价值)
浙江众联环保有限公司	年焚烧处置21 000吨危险废物项目	本项目利用企业现有约3 200平方米预留土地,新建一条100吨/日的焚烧线,处理规模为21 000吨/年,新购置焚烧线配套设备及余热锅炉、发电机组等余热回收利用系统,行政办公、分析检测、废水处理等辅助设施均依托现有设施。采用进口透平动力发电系统回收利用本项目蒸汽余热,实现厂区能量的梯级利用	年节省标准煤2 828吨

2.2 清洁生产减污降碳

苏州国家高新技术产业开发区通过园区整体推动形成"多点+面"的推动模式。首先,在企业之间以及区域层面更好地运用产业生态学原理推动区域的清洁生产,从而实现节能、降耗、减污、增效的目的。在企业内部,主要是推动企业通过实施清洁生产,实现节能、降耗、减污、增效目标,力争污染物"零排放"。其次,在企业之间,推动构建生态链。通过清洁生产,进一步完善已有的产品生态链,延长和拓宽生产技术链,使污染尽可能在生产企业内部处理,减少生产过程的污染物排放;在此基础上,加强绿色招商,推行"补链"战略,不断探索培育新的生态链。最后,在园区层次上,通过清洁生产,不断寻找并消除产业园区内不利于自身发展和稳定的因素,使得原有产业结构得到加强,将清洁生产与工业系统相结合,充分利用园区内部的集群优势,利用产业生态学和循环经济相结合的原理模式打破传统的低层次生产方式,实现产业园区以及企业内部生态效率的提高。

在企业层面,企业通过清洁生产,组织实施以工业锅炉(窑炉)改造、余热余压利用、电机系统节能、能量系统优化为重点的节能改造措施,进一步降低企业能耗,提高工作效率。以锡山经济技术开发区的伊顿工业有限公司为例,该公司采取以下措施,提高能源利用效率。一是中间轴热后工艺由磨削改车削,公司原先对中间轴热后工艺采用磨削,磨削端面时易产生磨削裂纹,同时,磨削效率也较低,通过将磨削端面改为车削端面,一方面可降低因磨削裂纹产生的废品,报废率下降0.8%,同时提高生产效率,年节约用电量3.12万千瓦时。二是热处理生产线节能改造,公司购买24只新电磁阀替换原先老电磁阀,从而能够将天然气与空气的比重更精准地控制在1∶10左右,达到最佳燃烧比,使单位天然气燃烧热能最大化;同时,购买3台德国制造的燃烧器,燃烧加热更充分,加热速度更快,产生热功率更高,改造后年节约天然气8.09万立方米。三是空压机变频改造,原公司GA75空压机(75千瓦)平均每天两班,一年250个工作日,费用较高,加装变频器之后平均使用满载功率的55%,比原先下降了20%,年节电6万千瓦时。

2.3 打造零碳样本企业

长三角生态工业园区通过打造规模化的低碳、零碳样板企业,将样板企业减污降碳的经验复制推广到园区其他工厂,并致力于打造绿色工厂,协同促进园区整体减污降碳。

无锡高新技术产业开发区内的松下能源是松下集团在中国的首家零碳工厂。作为原先集团的"能耗大户",公司通过引进机器人生产线,提高自动化率;采用先进的节能技术,使用节能设备;签署电力环境价值集中协议,购买绿色能源电力证书,2020年松下能源4.4万吨左右的CO_2排放量实质变为了零。苏州工业园区企业"十三五"时期积极参与创绿行动,友达光电、通富超威、尚美等18家企业入选国家/省级绿色工厂、国家绿色供应链等,尚美成为欧莱雅集团亚太及中国区的首个"零碳"工厂。昆山经济技术开发区凭借纬创集团入选全球"灯塔工厂"的技术积累与创建经验,通过发挥"智改数转赋能平台"的作用,致力于数字产业化、产业数字化,提升数字经济发展成效,协助构建数字化生产环节,打造智慧化工厂与数字生态圈。

武进国家高新技术产业开发区鼓励企业创建绿色工厂,2019年开始申报绿色工厂,2020年,万帮数字能源股份有限公司、江苏恒立液压股份有限公司获得部级认定,江苏国茂减速机股份有限公司获得省级认定,光宝科技(常州)有限公司获得市级认定。2021年,园区内江苏国茂减速机股份有限公司获得部级认定,光宝科技(常州)有限公司获得省级认定,10家企业获得市级认定。

3 长三角生态工业园区企业碳减排对策建议

为了实现可持续的环境改善和经济发展,"双碳"目标成为我国未来发展的战略目标,推动企业实施碳减排政策的必要性日益突显。本章聚焦如何应对企业碳减排的工作,探讨更加精细化的政策和措施,以期更好地推动碳减排目标的实现。"双碳"目标下,工业园区与区内企业都承担着发展与降碳的责任,园区更多在发展策略谋划方面发挥作用,企业侧重具体实施方面。园区与企业须"双翼齐飞、双管齐下",开展绿色低碳行动,尽快实现"双碳"目标。

3.1 从园区角度的碳减排对策建议

从生态工业园区角度,抓住碳减排的窗口期,重塑生产方式和实现产业转型升级是低碳转型的关键内容,对此提出如下对策建议。

第一,聚焦高端发展,推动产业绿色低碳转型升级。通过强化顶层规划设计,确保传统产业在空间布局上实现高标准集约化,严控增量、主动减量、优化存量。以智能、绿色、安全为重点,持续推进企业技术改造和设备更新,加快传统产业提质增效升级,从根本上促进能耗强度持续下降。推进数字化和低碳化协同发展,以创新推动传统企业转型,基于"互联网+",深化人工智能、工业互联网、大数据、云计算等新一代信息技术与传统产业融合发展,对传统产业进行全要素、全流程、全产业链的改造,推动传统产业加速向数字化、网络化、智能化方向转型升级,引领"双碳"目标的实现。

第二,加大政策扶持,促进企业碳减排工作。为了促进企业的碳减排工作,政府可以制定区域性碳减排目标,激励企业采取减排行动,同时,推出专门的政策和支持措施,如税收优惠、绿色信贷、创新基金等,以提供资金和激励,支持企业开展技术革新、采取环保举措,鼓励企业参与碳减排工作。

第三,在持续加强高污染企业碳减排监管的同时,应引导非高污染企业也推进碳减排工作。虽然目前高污染企业在碳减排方面表现较好,但长三角地区要实现"双碳"目标仍存在诸多环境难题,政府应继续加强对高污染企业碳减排工作的监管,通过执行排放限额,倒逼其减少碳排放,推动整个行业的升级与发展。同时,政府应对非高污染企业加强教育和引导,可以建立奖励机制,鼓励非高污染企业实施更具创新性的碳减排措施,确保这些企业遵守环保法规。

3.2 从企业角度的碳减排对策建议

从企业的角度,作为践行低碳发展理念的重要主体,低碳化改造是降低碳排放的关键一环。

第一,立足技术创新,侧重推进低能耗生产。通过车间自动化改造、工业机器人引进等方式提高生产的自动化率,削减人力资源,提高产能。加强企业技术研发,采用节能新技术,比如在车间安装自动控制系统,根据温度、湿度、风机频率等指标实时调节生产设备,将其一直控制在最佳节能状态,从而实现节能降耗的目标。

第二,改善节能环境,侧重低碳改造。建立企业内部节能和能源回收利用系统、企业间能源梯级利用系统和能源综合利用系统。提升能源利用效率,推动实施余热回收、废气回收、中水回用、废渣资源化等绿色化改造工程。使用节能设施设备,如变频式空压机、真空泵、LED照明等。引入光伏发电设备,在有条件的厂房屋顶铺设太阳能光伏板,以满足日常所需用电。大力发展绿色建筑,广泛使用绿色新型建材,推广装配式建筑。

第三,注重优势发展,侧重树立零碳标杆。对申请入区企业采取环境容量评估措施,严格审核入区企业在项目可行性报告等入区申请文件中的环保承诺,从单位能耗、水耗、空气环境污染等各角度评估单位环境容量下的产出水平。引入环保和高新技术产业,鼓励现有企业进行技术改造,加强新能源业务布局。在"双碳"目标引领下,优势企业可以先行一步,率先实施转型,在园内选择优势企业开展零碳工厂试点,通过打造零碳工厂样板间、零碳展厅等,将试点工厂零碳工作的经验复制推广到区内其他工厂,为企业发展提供示范标杆,助力更多企业实现低碳转型。

第 9 章

长三角生态工业园区绿色低碳重点任务

为深入贯彻落实国家和地方关于碳达峰、碳中和的重大战略决策,结合长三角生态工业园区碳排放的现状及问题,笔者认为生态工业园区或可从以下几方面着手,推进园区绿色低碳高质量发展。

1　打造清洁低碳能源体系

能源是经济社会发展的重要物质基础,也是碳排放的最主要来源。坚持安全降碳,在保障能源安全的前提下,以能源结构优化为导向,控制煤炭消费总量,大力实施可再生能源替代行动,提高能源加工、转换和输送效率,加快构建清洁低碳、安全高效的能源体系。

1.1　严格控制煤炭消费

有序实施煤炭削减计划,在新能源安全可靠的替代基础上实现传统能源的逐步退出,"十四五"时期严控煤炭消费增长,"十五五"时期逐步减少煤炭消费。加快推进落后燃煤机组替代,同步推进其他现役煤电机组节能升级和灵活性改造,实现煤炭的高效、清洁利用。

1.2　大力发展非化石能源

坚持能源清洁化战略,着眼国家将对新增可再生能源不纳入能源消费总量控制的政策,因地制宜开发新能源和可再生能源,积极推进新能源规模化发展创新,提升电、天然气、地热能、太阳能等清洁能源在能源消费结构中的比重。坚持集中式与分布式并举,优先推动风能、太阳能就地就近开发利用。创新"光伏+"模式,优化光伏发电多元布局,深入挖掘光伏潜能,鼓励分散式、分布式风电及光伏建设,利用园区、商场、学校等区域建筑屋顶建设分布式光伏。加快探索氢能开发利用。合理利用生物质能。

1.3　合理调控油气消费

保持石油消费处于合理区间,大力推进低碳燃料替代传统燃油工程,提升终端燃油产品能效。有序引导天然气消费,优化天然气利用结构,鼓励建设天然气分布式能源,完善天然气主干管网布局,提高天然气消费量。

1.4 推动新型电力系统建设

推动电力系统向利用大规模、高比例新能源方向演进,发挥电网优化资源配置的平台作用,促进源网荷储互动协调,进一步完善可再生能源电力消纳保障机制。结合新能源汽车推广使用,加快充电网络和储能网络建设,推进储能设备和充电桩设施的标准化、网络化、智能化管理。积极引导企业参与绿色电力交易,拓宽碳减排路径。

2 推进节能减排降碳增效

坚持节约优先,以能源消费强度和总量双控制度作为统领与核心抓手,以精细化管理和技术创新应用为支撑,全面提升园区能源利用效率和效益。

2.1 深入推进节能精细化管理

深入实施能源消费强度和总量双控制度,积极推动能耗"双控"向碳排放总量和强度"双控"转变,"十四五"时期严格控制能源消费总量增长,使能耗强度大幅下降,达到省市下达考核目标。在产业项目发展的全过程深入落实能耗双控目标要求,建立重大项目能耗准入机制,将单位增加值(产值)能耗水平作为规划布局、项目引入、土地出让等环节的重要门槛指标。优化完善节能审查制度,科学评估新增用能项目对能耗双控和碳达峰目标的影响,严格节能验收闭环管理,加强事中事后监管,通过节能监察等方式监督检查节能审查意见的落实情况。强化用能单位精细化节能管理,推进重点用能单位能耗在线监测系统建设,推动重点用能单位建立能源管理中心,对能源管理相关人员进行线上线下不定期节能专业技能培训。

2.2 实施节能降碳重点工程

推进建筑、交通、照明、供热等方面的基础设施节能升级改造,推进先进低碳、零碳技术示范应用,推动基础设施综合能效提升。实施园区节能降碳工程,以高耗能、高排放、低水平项目为重点,全面淘汰相对落后和低能效的产品、技术、工艺与设备,对标国际国内先进标准,推动能源系统优化和梯级利用,推进工艺实施过程温室气体和污染物的协同控制。支持绿色低碳关键技术开展产业化示范应用,提升行业能源、资源利用效率。支持重点行业改造升级,对标国际先进标准,深入开展能效对标达标活动,全面提高产品技术、工艺装备、能效等水平。引导热电企业升级、改造和转型,探寻煤电转气电、可再生能源电力的可行性,在保证园区能源安全的前提下,考虑热电企业的整合、供电供热模式的优化、削减煤电的规模。

2.3 推进重点用能设备节能增效

以电机、锅炉、窑炉、变压器、环保治理设施等为重点,通过更新改造等措施,全面提升系统能效水平。强化对主要用能设备生产制造、销售流通和终端使用等环节的监管,加强对重点用能设备的节能审查和日常监管,强化生产、经营、销售、使用、报废全链条管理,严厉打击违法违规企业和个人用户,确保能效标准和节能要求全面落地见效。鼓励企业开展绿色低碳产品认证,推进实施以能效为导向的激励约束机制,综合运用税收、价格、补贴等多种手段,推广先进、高效产品设备,加快淘汰落后、低效设备。

2.4 促进资源节约和循环利用

积极实施园区循环化改造,构建特色循环产业链。充分挖掘存量土地和建筑资源,推动存量产业用地高效利用和有效盘活。实施生活垃圾减量化、资源化、无害化处理,推行危险废弃物规范化管理,推动工业固废、建筑垃圾和农业废弃物处置及综合利用,全面提升资源利用率和产出率。

2.5 加强公共机构节能降碳

发挥政府机构在全社会节能工作中的表率作用,以创建节约型公共机构示范单位和公共机构节水型单位等为抓手,广泛开展能源审计,采用合同能源管理等市场化模式,建设一批能效改造示范项目,推动公共机构开展重点用能单位的节能目标管理。建设完善公共机构能耗监测与统计平台。

3 加速产业结构绿色升级

工业发展对园区碳达峰和能耗双控目标的实现具有重要影响。以推动产业结构升级和工业能效提升为重点,坚决遏制高耗能高排放项目盲目建设,大力发展绿色低碳行业,构建绿色低碳产业体系。

3.1 以绿色招商带动绿色发展

园区以完善生态环境准入清单和环境政策体系为抓手,加快推进产业布局空间优化和产业升级,推动传统领域智能化、清洁化改造,加快实现工业绿色转型发展。持续践行绿色招商理念,在项目引进前缜密评估、综合评定,严格执行招商项目节能评估和规划环评中明确的环保准入要求,对不符合产业政策、能源消耗高、污染排放大、环境风险高的项目实施"一票否决",全力推动绿色产业加快布局,打造工业经济升级版园区。

3.2 加快产业结构绿色转型

推动传统产业提质增效和转型提升。加快传统产业产品结构、用能结构、原料结构优化调整和工艺流程再造,提升园区传统产业在全球分工中的地位和竞争力。实施"增品种、提品质、创品牌"行动,推动产品向高端、智能、绿色、融合方向升级换代,全面推进智能化、绿色化、服务化、集群化,分行业打造特色优势产业集群,推动形成品种更加丰富、品质更加稳定、品牌更具影响力的供给体系。推广成熟度高、经济性好、绿色成效显著的关键共性技术,推动企业、园区、重点行业全面实施新一轮绿色低碳技术改造升级。

3.2.1 持续推动绿色产业建链、强链、补链

按照"龙头项目带动、产业基金引领、政策平台支持、专业人才保障"的思路,积极引进和培育一批具有核心关键技术、投入大、带动强的重大产业项目,通过上下游项目配套、龙头企业示范带动,形成绿色生态产业链。

3.2.2 强化企业生产方式绿色低碳改造升级

坚持以"低碳化、循环化、节约化和集约化"为导向,支持企业实施绿色战略、绿色标准、绿色管理和绿色生产。

使用绿色产品。加大绿色产品采购支持力度,鼓励企业应用产品轻量化、模块化、集成化、智能化等绿色设计共性技术,采用高性能、绿色环保的新材料,开发具有无害化、节能环保、高可靠性、长寿命和易回收等特性的绿色产品,引导绿色生产。

创建绿色工厂。按照厂房集约化、原料无害化、生产洁净化、废物资源化、能源低碳化原则,结合行业特点,推动企业优化制造流程、采用先进节能技术和装

备、加强生产制造管理等,构建制造业绿色产业链,创建一批市级、省级、国家级绿色低碳工厂。

推进清洁生产。大力推进自主创新战略,实现清洁生产关键技术攻关。大力推广应用清洁生产新技术、新工艺、新装备,重点在化工、电镀、造纸及纸制品、建材等行业,推动清洁生产技术改造,树立标杆、示范进行推广。严格执行国家鼓励的有毒有害原料替代目录,从源头上防止污染物产生。

3.3 大力发展绿色低碳产业

充分发挥园区政策优势,大力推进以培育、发展低碳新兴工业为核心的产业结构调整,深化制造业与互联网融合发展,促进制造业往高端化、智能化、绿色化、服务化方向发展,优化资源配置,强化科技创新,加快转型升级,推动数字化和绿色化深度融合。推动绿色制造业和现代服务业深度融合。推动绿色消费需求和绿色产品供给深度融合。加快发展以新产业、新业态、新模式为主要特征的"三新经济"。聚焦"双碳"目标下的能源革命和产业变革需求,谋划布局氢能、储能、生物制造、碳捕集利用与封存等未来能源和未来制造产业。

同时,积极依托长三角产业资源优势,积极推动相关创新成果在长三角率先试点应用,形成一批先导园区、示范园区和标杆企业。

3.4 强化协同联动以推动共建

双碳行动不是每个园区的封闭循环,长三角生态工业园区在碳减排进程中,应当秉持共建、共享、共治的理念,营造、开发、创新碳减排生态圈。加强园区间合作,探索联合编制园区产业规划方案、产业地图等,引导园区产业链上下游合理布局,打通研发—转化—制造—应用环节。通过共建产业园区、协同创新等区域协作机制,主动承接高端产业和优质要素,实现产业链的协同分工。

4 大力助推城市绿色更新

4.1 全面构建绿色低碳交通运输体系

推动交通运输装备低碳化。进行装备更新升级,鼓励应用清洁、环保的交通技术和装备,加大新能源车辆推广使用,大力推广新能源汽车,逐步降低传统燃油汽车在汽车保有量中的占比。严格落实国家、行业有关能耗的标准限值要求,更新老旧和高能耗、高排放车辆。加快推进充电桩、加气(氢)站、停车位等基础配套设施的规划布点和建设运营。

发展智能交通,推动不同运输方式合理分工、有效衔接。加快大宗货物和中长距离货物运输"公转水""公转铁"建设,推动公路货物运输大型化、厢式化和专业化发展。加快发展绿色物流,创新绿色低碳、集约高效的配送模式。打造高效衔接、快捷舒适的公共交通服务体系,积极引导公众选择绿色低碳交通方式。加快地铁和公交专用道建设并连接成网,优化公交线路,完善公交换乘体系,大力提升公交服务的可靠性和便捷性。

推动交通建设低碳化。开展交通基础设施绿色化升级改造,推动铁路、公路和市政道路统筹集约,利用线位、桥位等交通通道资源,实施改、扩建和升级改造工程,充分利用既有走廊。提高资源综合、循环利用,深化交通设施与新能源、新材料的融合研究,推动废旧路面、沥青等材料再生利用,推广钢结构的循环利用,综合利用煤矸石、矿渣、废旧轮胎等工业废料和疏浚土、建筑垃圾等,提升基础设施品质和耐久性,降低全生命周期成本。

4.2 全面发展低碳绿色建筑技术

积极推广绿色建筑。实施"绿色建筑+"工程,推动绿色建筑品质提升和高星级绿色建筑规模化发展,实行工程建设项目全生命周期内的绿色建造。强化绿色建筑和建筑能效提升示范的引领作用,推动星级绿色建筑、绿色生态住宅小区建设,使高星级绿色建筑占新增绿色建筑的比例稳步提升。抓好新建建筑节能,提高大型公共建筑和政府投资公益性建筑的绿色标准要求。

大力发展装配式建筑,推行以机械化为基础、装配式施工和装修为主要形式、信息化手段为支撑的新型建筑工业化,进一步提升工业厂房建设、房地产项目等领域的装配式建筑比例,推广应用装配式装修。

推广应用绿色建材,引领发展节能环保、安全耐久、因地制宜的绿色建材,逐步提高新建建筑中绿色建材的应用比例,打造一批绿色建材应用示范工程。

提高既有居住建筑节能水平。实施既有建筑能效提升行动,结合老旧小区改造、海绵城市建设等工作,持续推动既有建筑节能改造,推广更换节能门窗、修缮屋面保温层、增设外遮阳板等适宜技术。探索绿色化改造方式,鼓励引导小区人居环境整治、适老设施改造、基础设施绿色化和智能化提升统筹推进的节能、低碳、宜居综合改造模式,提升居住品质,降低建筑能源消耗。

推动既有公共建筑节能绿色化改造。强化公共建筑运行监管体系建设,深入开展机关办公建筑和大型公共建筑能源统计、审计和公示工作,提升公共建筑节能运行水平。分类制定公共建筑用能(用电)限额指标,开展建筑能耗比对和能效评价,逐步实施公共建筑用能管理。对超过用能限额的既有公共建筑,鼓励采用合同能源管理等市场化方式开展绿色节能改造。推广应用建筑设施设备优化控制策略,提高采暖空调系统和电气系统的效率,全面普及 LED 照明灯具,采用电梯智能群控等技术提升电梯能效。

加强可再生能源建筑应用。大力发展、应用太阳能光热光伏系统、地源热泵、空气源热泵等可再生能源建筑,鼓励有条件、屋顶面积适宜的大型公共建筑、工业厂房建筑应用太阳能光伏发电技术,进一步加大太阳能光热系统在中低层住宅、酒店、学校建筑中的应用。推动可再生能源建筑的一体化,提升可再生能源建筑的比重。

5 持续提升生态碳汇能力

5.1 巩固提升碳汇能力

强化国土空间规划和用途管控。整体谋划新时代国土空间开发保护新格局,扎实开展"三区三线"划定工作,科学有序地统筹、布局生态、农业等功能空间。强化绿色低碳发展导向和任务要求,持续优化重大基础设施、重大生产力和公共资源布局,构建有利于碳达峰、碳中和的国土空间开发保护格局。严格保护自然生态空间,夯实生态系统碳汇基础,强化国土空间用途管制,严防碳汇向碳源逆向转化,全面提高自然资源利用效率,减少资源开发带来的碳排放影响。

持续推进园区绿化行动。以园区高密度城市中心区实际情况和人们对公园的需求出发,建立散布在高密度城市中心区的呈斑块状分布的小公园——城市口袋公园,拓展公共开放生态空间。依托新建单位绿化的规划设计和既有单位绿化的拆墙透绿工程,实现单位绿化开放共享,形成"小、多、匀"的街心花园布局。在"双碳"背景下,开发区以绿色工厂创建为契机,强化立体绿网建设,利用围墙、屋顶增加绿化覆盖面积和立体绿化面积。强化骨干绿道、滨水绿道网络建设,营造高品质的绿化景观环境。

推进美丽河湖建设。推进河湖水岸同治,通过清淤疏浚、综合治理和景观绿化工程,打造生态美丽河湖。推动重点河道水质稳定达标,推进滨水空间发展利用,打造河流生态带,着力打造样板河道,实现水清、岸绿、景美的目标。

5.2 推进农业减排固碳

构建农业绿色循环产业体系。控制农业用水总量,推进"肥药两制"改革,减少化肥、农药施用总量,推行肥药实名购买制度和肥药定额施用制度,建立投入品增减挂钩机制。完善畜禽养殖污染防治配套措施,深化病死动物无害化处理场和集中收集点建设。结合高效生态农业建设,探索研发农业耕作、秸秆还田与覆盖、有机废物还田、农牧结合等农田生态系统固碳技术和低碳农业发展技术,建立农作物品种、生物技术、新型肥料、新型饲料、农业管理措施集成与示范基地。

推广低碳农业模式。加快淘汰、升级耗能高、污染重、安全性能低的农机,推广"农光互补""光伏+设施农业"等低碳农业模式,合理利用生物质能、地热能,逐步减少设施农业对化石燃料的需求,推动大棚、冷库等农业设施实现能源的自发自用。

6 强化低碳技术创新应用

6.1 开展低碳关键技术攻关行动

瞄准国内外技术前沿,实施碳达峰、碳中和关键核心技术攻关专项行动,强化零碳、低碳、负碳技术攻关,重点突破可再生能源、储能、碳捕集利用与封存(CCUS)等领域的关键技术。

加快电力技术创新。围绕能源供给转型和脱碳降碳需求,重点突破煤电低碳清洁利用、分布式光伏发电、生物质发电、规模化储能等关键技术。支持实施"光伏倍增"行动计划,提高光伏、生物质能等清洁能源的占比。

推动工业流程重塑。聚焦造纸及纸制品、化学原料和化学制品制造、非金属矿物制品业等重点行业,强化低碳燃料与原料替代、过程智能调控、余热余压高效利用等技术的研究,持续挖掘节能减排潜力,加快推进行业绿色转型。

加快技术集成与优化。聚焦建筑、交通、农业、居民生活等领域的需求,通过多技术单元集成与优化,着力发展装配式建筑设计、碳标签认证等核心技术,促进各行业技术耦合优化,发展非二氧化碳温室气体减排技术,推动全社会节能减排。

开展CCUS和生态碳汇技术。聚焦碳捕集与利用,加快研发碳捕集先进材料、CO_2化学与生物转化等关键核心技术。

6.2 推动技术创新平台载体建设

集聚高能级创新平台。创建绿色低碳科技基础设施和创新平台,高质量推动创新中心建设,培育、发展省级以上重点实验室。

构建技术应用转化平台。聚焦太阳能、生物质能、氢能等绿色低碳能源,进一步融合能源、环境、材料等多领域的科研力量,开展绿色低碳关键技术攻关。加快建立一批绿色技术转移、交易和产业化服务平台,积极推进绿色先进技术成果转化和示范应用。

提升创新创业服务平台。围绕绿色低碳技术,完善"技术创新—众创空间—孵化器—加速器—产业基地"科技创业孵化链条,鼓励支持在碳达峰、碳中和关键技术领域具有优势的龙头企业和研发机构建设一批具有垂直孵化、深度孵化本领的产业垂直孵化器。

共建开放协作创新平台。强化企业创新主体地位,支持企业整合高校、科研院所等建立绿色技术创新联合体,建立绿色先进技术常态化合作机制,在要素、产业、人才方面开展联动。探索共建"开放式"协同创新体系,谋划实施生物技术、智能制造等领域的重大碳达峰、碳中和科技项目联合攻关和跨区域产业化建设。

6.3 加快低碳创新企业培育

培育一批高成长型瞪羚企业,发展壮大高新技术产业创新主体。积极推进企业研发机构建设,着眼低碳先进技术转化、附加值提升,开展重点技术攻关,强化企业创新主体地位。鼓励绿色低碳技术领域头部企业开放各类创新资源,引导中小微企业往"专精特新"方向发展。

6.4 低碳创新人才引育行动

实施领军人才引育专项行动。加快引进培育一批能推动和引领绿色低碳技术创新发展的顶尖人才、领军人才,形成一个"专、精、特、尖"的高层次专业人才团队。

引育高层次人才队伍。深入实施高端人才引育工程,加快引进培育一批能推动和引领绿色低碳技术创新发展的高层次人才,为绿色低碳科技创新提供高端人才保障。

加强技术转化人才培养。聚焦碳达峰、碳中和技术需求,依托高等职业院校,鼓励校企采用定向培养模式,加快培养一批复合型绿色低碳人才,加快园区科技成果转化和技术服务人才队伍建设。

7 推行绿色低碳生活方式

7.1 积极培育绿色生活方式

完善公共交通网络体系、城市道路交通系统、绿色慢行交通体系、低碳交通发展体系,结合城市更新,打造生活圈,优化新城重点地区慢行交通环境,不断提高公交出行分担率。积极发挥绿色消费引领作用,推广节能环保低碳产品,推动一次性塑料制品等在源头减量。加强塑料污染治理,在快递、外卖等电子商务重点领域积极推行绿色包装。大力发展二手交易市场,推动资源循环利用。持续开展绿色生态城区创建,推进节约型机关、绿色学校、绿色社区、绿色商场等重点领域的绿色创建活动。

7.2 全面推进生活垃圾分类

认真落实生活垃圾分类管理条例,按照有害垃圾、可回收物、易腐垃圾和其他垃圾的"四分类"标准全面推进生活垃圾分类工作,城市居住区推广"定时定点"投放模式。全面建立"户分类投放、村分拣收集、镇回收清运、有机垃圾生态处理"的农村垃圾分类收集处理体系,建成生活垃圾分类投放、收集、运输、处置体系。

7.3 加快普及节能节水器具

鼓励家庭使用节能节水器具,引导公众形成绿色生活习惯,针对大型片状集中住宅区建设整体太阳能热水系统。政府机关、企事业单位强制更换高耗能耗水用品,换装节能型电器,限期更换非节水型器具,及时对卫生洁具、空调设备冷却系统等进行节水改造,检查、更换老化的供水管路及零件,并在用水区域张贴节约用水标识,绿化和景观用水尽量利用非常规水,杜绝"长流水"现象,并采取第三方监督机制,定期开展能源审计和水平衡测试。

7.4 深入宣传节能降碳理念

加强建设低碳社会宣传,依托"节能宣传周""全国低碳日"等重要时间节点,广泛开展宣传教育,提高公众对碳达峰、碳中和的知晓度、认知度和参与度。加强对企业的节能减碳宣传、引导,支持各类市场主体适应低碳发展要求,积极开展低碳管理模式和技术创新。加强社会舆论监督,建立健全碳排放数据监测、核查、报告和信息披露制度,支持和鼓励新闻媒体、公众。

8 健全低碳发展机制

8.1 完善碳排放目标控制制度

将碳达峰、碳中和的战略导向和目标任务全面融入园区各相关领域专项规划、"十五五"规划及经济社会发展中长期规划,加强各类规划间的衔接协调,确保社会各领域碳达峰、碳中和的主要目标、发展方向、重大政策、重大工程等协调一致。

将降低碳排放强度目标纳入经济社会发展综合评价和绩效考核体系,并作为评价党政领导班子和有关领导干部的重要参考,强化指标约束。探索建立碳排放总量和强度"双控"制度与模式。

8.2 加强温室气体排放监测、统计与核算

开展温室气体排放专项调查。开展对污染排放清单与碳排放清单的同步调查;在环境统计工作中协同开展温室气体排放相关调查,建立污染物与二氧化碳排放源融合清单,实现企事业单位污染物和二氧化碳排放数据的统一采集、相互补充、交叉校核。

探索污染物和温室气体统一监测制度。充分依托园区现有污染物监测体系,积极开展碳监测、评估,在现有废气连续自动监测系统的基础上,选取典型企业作为试点,开展能源和工业过程二氧化碳的集中排放监测。在现有环境空气自动监测网络的基础上,开展二氧化碳和甲烷浓度监测,组建园区温室气体监测网。

8.3 发展绿色金融

积极争取碳中和、碳达峰相关项目债券,拓展绿色项目资金来源渠道,开发碳汇项目,积极参与全国碳排放权交易市场建设,推动信用贷款和其他非抵押类信贷产品的持续创新,稳步推进涉及危化品的高环境风险行业的环境污染强制责任保险制度建设,开发绿色信贷管理系统,建立绿色信贷快速审批通道。设立绿色发展专项引导资金,对节能改造项目、循环经济项目、能源互联网项目及其他支撑开发区绿色发展的项目进行重点扶持。

8.4 加快推行碳排放交易

积极响应二氧化碳排放达峰行动,配合上级政府完善碳市场建设,完成重点排放企业历史数据核查、配额分配等工作,确保重点排放单位按期全部进入全国碳排放权交易市场。加强重点排放单位温室气体排放和碳排放配额清缴情况的监督检查。

推动建立温室气体排放信息披露制度。将碳排放权交易市场重点排放单位数据报送、配额清缴履约等情况作为企业环境信息的依法披露内容,有关违法违规信息记入企业环保信用信息。引导国有企业、上市公司、纳入全国碳排放权交易市场的企业率先公布温室气体排放信息和控制排放行动措施。

参考文献

[1] 中国质量认证中心. 温室气体减排方法学理论与实践[M]. 北京:中国标准出版社,2019.

[2] 余红辉. 碳中和理论与实践[M]. 北京:中国环境出版集团,2021.

[3] 徐锭明,李金良,盛春光. 碳达峰碳中和理论与实践[M].北京:中国环境出版集团,2022.

[4] 河北省生态环境厅. 碳达峰碳中和理论政策与实用指南[M]. 北京:中国环境出版集团,2022.

[5] 谢华生,包景岭,温娟. 生态工业园的理论与实践[M]. 北京:中国环境科学出版社,2011.

[6] 闫二旺. 我国生态工业园模式创新发展研究[M]. 北京:中国财政经济出版社,2021.

[7] 崔兆杰,谢峰. 生态工业园理论与实践教程[M]. 北京:中国环境科学出版社,2012.

[8] 陈梅,张龙江,苏良湖. 国家生态工业示范园区建设进展及成效分析[J]. 环境保护, 2021,49(20):59-61.

[9] NICCOLUCCI V, PULSELLI F M, TIEZZI E. Strengthening the threshold hypothesis: economic and biophysical limits to growth[J]. Ecological Economics, 2007,60(4):667-672.

[10] DALY H. A further critique of growth economics[J]. Ecological Economics, 2013, 88:20-24.

[11] 卡森. 寂静的春天[M]. 吕瑞兰,李长生,译. 上海:上海译文出版社,2008.

[12] 杨恒山,邰继承. 农业可持续发展理论与技术[M].赤峰:内蒙古科学技术

出版社,2014.

[13] 王惠炯,甘师俊,李善同,等.可持续发展与经济结构[M].北京:科学出版社,1999.

[14] 李忠民,姚宇.低碳经济学[M].北京:经济科学出版社,2018.

[15] 哈肯.协同学:大自然构成的奥秘[M].凌复华,译.上海:上海译文出版社,2005.

[16] 周伟铎.碳中和导向的长三角生态绿色一体化发展[M].上海:上海社会科学院出版社,2022.

[17] 田园宏.长三角水污染跨界协同治理政策机制研究[M].上海:同济大学出版社,2022.

[18] Intergovernmental Panel on Climate Change. Fifth assessment report (AR5)[R]. Copenhagen: IPCC, 2014.

[19] YI H R, ZHAO L J, QIAN Y, et al. How to achieve synergy between carbon dioxide mitigation and air pollution control? Evidence from China [J]. Sustainable Cities and Society, 2022, 78: 103609.

[20] ROBERTA Q, SIERRA P. The energy-climate challenge: recent trends in CO_2 emissions from fuel combustion[J]. Energy Policy, 2007, 35(11): 5938-5952.

[21] HAMMOND G P, NORMAN J B. Decomposition analysis of energy-related carbon emissions from UK manufacturing[J]. Energy, 2012, 41(1): 220-227.

[22] 程叶青,王哲野,张守志,等.中国能源消费碳排放强度及其影响因素的空间计量[J].地理学报,2013,68(10):1418-1431.

[23] 孙雷刚,刘剑锋,徐全洪,等.环京津区域城市碳排放效应及时空格局分析[J].地理与地理信息科学,2016,32(4):113-118.

[24] 宋杰鲲.基于LMDI的山东省能源消费碳排放因素分解[J].资源科学,2012,34(1):35-41.

[25] 郑凌霄,周敏.我国碳排放与经济增长的脱钩关系及驱动因素研究[J].工业技术经济,2015,34(9):19-25.

[26] 许红周,计军平.基于EIO-LCA模型的中国1992—2012年碳排放结构特征研究[J].北京大学学报(自然科学版),2019,55(4):727-737.

[27] 计军平,马晓明.碳足迹的概念和核算方法研究进展[J].生态经济,2011(4):76-80.

[28] EGILMEZ G, BHUTTA K, ERENAY B, et al. Carbon footprint stock analysis of US manufacturing: a time series input-output LCA[J]. Industrial Management & Data Systems, 2017,117(5): 853-872.

[29] CAI W Q, SONG X M, ZHANG P F, et al. Carbon emissions and driving forces of an island economy: a case study of Chongming Island, China[J]. Journal of Cleaner Production,2020, 254: 120028.

[30] LI J S, ZHOU H W, MENG J, et al. Carbon emissions and their drivers for a typical urban economy from multiple perspectives: a case analysis for Beijing city[J]. Applied Energy, 2018, 226: 1076-1086.

[31] SU B, ANG B W, LI Y Z. Input-output and structural decomposition analysis of Singapore's carbon emissions[J]. Energy Policy, 2017, 105: 484-492.

[32] ZHENG J L, MI Z F, COFFMAN D M, et al. The slowdown in China's carbon emissions growth in the new phase of economic development[J]. One Earth, 2019, 1(2): 240-253.

[33] MALIK A, LAN J, LENZEN M. Trends in global greenhouse gas emissions from 1990 to 2010[J]. Environmental Science & Technology, 2016, 50(9): 4722-4730.

[34] DONG H J, GENG Y, XI F M, et al. Carbon footprint evaluation at industrial park level: a hybrid life cycle assessment approach[J]. Energy Policy, 2013, 57: 298-307.

[35] 代旭虹.基于碳足迹评估的工业园区低碳发展模式的研究与实证[D]. 厦门：厦门大学，2014.

[36] Intergovernmental Panel on Climate Change. 2006 IPCC guidelines for national greenhouse gas Inventories [R/OL]. [2020-11-15]. https://www.ipcc-nggip.iges.or.jp/public/2006gl/index.html.

[37] Intergovernmental Panel on Climate Change. 2019 refinement to the 2006 IPCC guidelines for national greenhouse gas inventories[R/OL]. [2020-11-15]. https://www.ipcc-nggip.iges.or.jp/public/2019rf/index.html.

[38] World Resources Institute, World Business Council for Sustainable Development. Corporate value chain (scope 3) accounting and reporting standard[EB/OL]. [2020-12-01]. https://ghgprotocol.org/standards/

scope-3-standard.

[39] World Resources Institute, World Business Council for Sustainable Development. The greenhouse gas protocol: a corporate accounting and reporting standard (revised version)[EB/OL]. [2020-12-03]. https://ghgprotocol.org/sites/default/files/standards/ghg-protocol-revised.pdf.

[40] WEI W D, ZHANG P F, YAO M T, et al. Multi-scope electricity-related carbon emissions accounting: a case study of Shanghai[J]. Journal of Cleaner Production, 2020, 252: 119789.

[41] GUO Y, TIAN J P, CHERTOW M, et al. Exploring greenhouse gas-mitigation strategies in Chinese eco-industrial parks by targeting energy infrastructure stocks[J]. Journal of Industrial Ecology, 2018, 22(1): 106-120.

[42] ZHANG M, WANG C, WANG S S, et al. Assessment of greenhouse gas emissions reduction potential in an industrial park in China[J]. Clean Technologies and Environmental Policy, 2020, 22(7): 1435-1448.

[43] YU X, ZHENG H R, SUN L, et al. An emissions accounting framework for industrial parks in China[J]. Journal of Cleaner Production, 2020, 244: 118712.

[44] CHEN G W, SHAN Y L, HU Y C, et al. Review on city-level carbon accounting[J]. Environmental Science & Technology, 2019, 53(10): 5545-5558.

[45] YANG J, CHEN B. Carbon footprint estimation of Chinese economic sectors based on a three-tier model[J]. Renewable and Sustainable Energy Reviews, 2014, 29: 499-507.

[46] LIU L X, ZHANG B, BI J, et al. The greenhouse gas mitigation of industrial parks in China: a case study of Suzhou Industrial Park[J]. Energy Policy, 2012, 46: 301-307.

[47] BI J, ZHANG R R, WANG H K, et al. The benchmarks of carbon emissions and policy implications for China's cities: case of Nanjing[J]. Energy Policy, 2011, 39(9): 4785-4794.

[48] WANG H S, LEI Y, WANG H K, et al. Carbon reduction potentials of China's industrial parks: a case study of Suzhou Industry Park[J]. Energy, 2013, 55: 668-675.

[49] LIU W, TIAN J P, CHEN L J. Greenhouse gas emissions in China's eco-industrial parks: a case study of the Beijing Economic Technological Development Area[J]. Journal of Cleaner Production, 2014, 66: 384-391.

[50] 齐静, 陈彬. 产业园区温室气体排放清单[J]. 生态学报, 2015, 35(8): 2750-2760.

[51] 吕斌, 熊小平, 康艳兵, 等. 中国产业园区温室气体排放核算方法研究[J]. 中国能源, 2015, 37(9): 21-26.

[52] GUO Y, TIAN J P, ZANG N, et al. The role of industrial parks in mitigating greenhouse gas emissions from China[J]. Environmental Science & Technology, 2018, 52(14): 7754-7762.

[53] United Nations Framework Convention on Climate Change. The Kyoto protocol[EB/OL]. [2020-11-15]. https://unfccc.int/process/the-kyoto-protocol/kyoto-protocol-bodies.

[54] United Nations Framework Convention on Climate Change. The Doha amendment[EB/OL]. [2021-05-17]. https://unfccc.int/process/the-kyoto-protocol/the-doha-amendment.

[55] 中华人民共和国生态环境部. 碳排放权交易管理办法（试行）[EB/OL]. [2021-01-05]. http://www.mee.gov.cn/xxgk2018/xxgk/xxgk02/202101/t20210105_816131.html.

[56] JIAO N Z. Developing ocean negative carbon emission technology to support national carbon neutrality[J]. Bulletin of Chinese Academy of Sciences, 2021, 36(2): 179-187.

[57] KEENAN T F, WILLIAMS C A. The terrestrial carbon sink[J]. Annual Review of Environment and Resources, 2018, 43: 219-243.

[58] WEI N, LI X C, LIU S N, et al. A strategic framework for commercialization of carbon capture, geological utilization, and storage technology in China[J]. International Journal of Greenhouse Gas Control, 2021, 110.

[59] ZHANG Y, ZHAO M X, CUI Q, et al. Processes of coastal ecosystem carbon sequestration and approaches for increasing carbon sink[J]. Science China Earth Sciences, 2017, 60(5): 809-820.

[60] LI S M, XIE G D, YU G R, et al. Seasonal dynamics of gas regulation

service in forest ecosystem[J]. Journal of Forestry Research, 2010, 21(1): 99-103.

[61] 方精云. 碳中和的生态学透视[J]. 植物生态学报, 2021, 45(11): 1173-1176.

[62] 于贵瑞, 朱剑兴, 徐丽, 等. 中国生态系统碳汇功能提升的技术途径: 基于自然解决方案[J]. 中国科学院院刊, 2022, 37(4): 490-501.

[63] 吴振信, 石佳. 基于 STIRPAT 和 GM(1,1)模型的北京能源碳排放影响因素分析及趋势预测[J]. 中国管理科学, 2012, 20(S2): 803-809.

[64] 杜强, 陈乔, 杨锐. 基于 Logistic 模型的中国各省碳排放预测[J]. 长江流域资源与环境, 2013, 22(2): 143-151.

[65] 赵成柏, 毛春梅. 基于 ARIMA 和 BP 神经网络组合模型的我国碳排放强度预测[J]. 长江流域资源与环境, 2012, 21(6): 665-671.

[66] VANEGAS CANTARERO M M. Reviewing the Nicaraguan transition to a renewable energy system: why is "business-as-usual" no longer an option? [J]. Energy Policy, 2018, 120: 580-592.

[67] 李新, 路路, 穆献中, 等. 基于 LEAP 模型的京津冀地区钢铁行业中长期减排潜力分析[J]. 环境科学研究, 2019, 32(3): 365-371.

[68] 翟羽佳. 基于 LEAP 模型的未来大同市环境污染物排放预测[J]. 环境保护科学, 2018, 44(5): 30-35.

[69] 洪竞科, 李沅潮, 蔡伟光. 多情景视角下的中国碳达峰路径模拟——基于 RICE-LEAP 模型[J]. 资源科学, 2021, 43(4): 639-651.

[70] 渠慎宁, 郭朝先. 基于 STIRPAT 模型的中国碳排放峰值预测研究[J]. 中国人口·资源与环境, 2010, 20(12): 10-15.

[71] 岳超, 王少鹏, 朱江玲, 等. 2050 年中国碳排放量的情景预测——碳排放与社会发展Ⅳ[J]. 北京大学学报(自然科学版), 2010, 46(4): 517-524.

[72] 朱宇恩, 李丽芬, 贺思思, 等. 基于 IPAT 模型和情景分析法的山西省碳排放峰值年预测[J]. 资源科学, 2016, 38(12): 2316-2325.

[73] 孙钰, 李泽涛, 姚晓东. 天津市构建低碳城市的策略研究——基于碳排放的情景分析[J]. 地域研究与开发, 2012, 31(6): 115-118.

[74] 赵荣钦, 刘薇, 刘英, 等. 基于碳收支核算的河南省碳排放峰值预测[J]. 水土保持通报, 2016, 36(4): 78-83+89.

[75] 刘晴川, 李强, 郑旭煦. 基于化石能源消耗的重庆市二氧化碳排放峰值预测[J]. 环境科学学报, 2017, 37(4): 1582-1593.

[76] EHRLICH P R, HOLDREN J P. Impact of population growth[J]. Science,1971,171(3977):1212-1217.

[77] KAYA Y. Impact of carbon dioxide emission on GNP growth：interpretation of proposed scenarios[R]. Paris:Presentation to the Energy and Industry Subgruop, Response Strategies Working Group, IPCC,1989.

[78] DIETZ T, ROSA E A. Rethinking the environmental impacts of population, affluence and technology[J]. Human Ecology Review,1994, 1(2):277-300.

[79] 郭朝先. 中国碳排放因素分解：基于LMDI分解技术[J]. 中国人口·资源与环境,2010,20(12):4-9.

[80] 李佛关,吴立军. 基于LMDI法对碳排放驱动因素的分解研究[J]. 统计与决策,2019,35(21):101-104.

[81] LIU L C, FAN Y, WU G, et al. Using LMDI method to analyze the change of China's industrial CO_2 emissions from final fuel use：an empirical analysis[J]. Energy Policy,2007,35(11):5892-5900.

[82] 李雪梅,郝光菊,张庆. 天津市高碳排放行业碳排放影响因素研究[J]. 干旱区地理,2017,40(5):1089-1096.

[83] CHEN M S, GU Y L. The mechanism and measures of adjustment of industrial organization structure：the perspective of energy saving and emission reduction[J]. Energy Procedia,2011,5:2562-2567.

[84] 郭朝先. 产业结构变动对中国碳排放的影响[J]. 中国人口·资源与环境,2012,22(7):15-20.

[85] 鲁万波,仇婷婷,杜磊. 中国不同经济增长阶段碳排放影响因素研究[J]. 经济研究,2013,48(4):106-118.

[86] 周亚军,吉萍. 产业升级、金融资源配置效率对碳排放的影响研究——基于省级空间面板数据分析[J]. 华东经济管理,2019,33(12):59-68.

[87] WANG C, CHEN J N, ZOU J. Decomposition of energy-related CO_2 emission in China:1957-2000[J]. Energy,2005,30(1):73-83.

[88] 顾阿伦,吕志强. 经济结构变动对中国碳排放影响——基于IO-SDA方法的分析[J]. 中国人口·资源与环境,2016,26(3):37-45.

[89] 林伯强,刘希颖. 中国城市化阶段的碳排放:影响因素和减排策略[J]. 经济研究,2010,45(8):66-78.

[90] FATIMA T, XIA E J, CAO Z, et al. Decomposition analysis of energy-related CO_2 emission in the industrial sector of China: evidence from the LMDI approach [J]. Environmental Science and Pollution Research, 2019, 26(21): 21736-21749.

[91] KNAPP T, MOOKERJEE R. Population growth and global CO_2 emissions: a secular perspective[J]. Energy Policy, 1996, 24(1): 31-37.

[92] 朱勤, 彭希哲, 陆志明, 等. 人口与消费对碳排放影响的分析模型与实证[J]. 中国人口·资源与环境, 2010, 20(2): 98-102.

[93] 李国志, 周明. 人口与消费对二氧化碳排放的动态影响——基于变参数模型的实证分析[J]. 人口研究, 2012, 36(1): 63-72.

[94] CRAMER J C. Population growth and air quality in California[J]. Demography, 1998, 35(1): 45-56.

[95] YORK R. Demographic trends and energy consumption in European Union Nations, 1960—2025[J]. Social Science Research, 2007, 36(3): 855-872.

[96] MICHAEL D, BRIAN O N, ALEXIA P, et al. Population aging and future carbon emissions in the United States[J]. Energy Economics, 2008, 30(2): 642-675.

[97] 张腾飞, 杨俊, 盛鹏飞. 城镇化对中国碳排放的影响及作用渠道[J]. 中国人口·资源与环境, 2016, 26(2): 47-57.

[98] 宋德勇, 徐安. 中国城镇碳排放的区域差异和影响因素[J]. 中国人口·资源与环境, 2011, 21(11): 8-14.

[99] 关海玲, 陈建成, 曹文. 碳排放与城市化关系的实证[J]. 中国人口·资源与环境, 2013, 23(4): 111-116.

[100] 卢祖丹. 我国城镇化对碳排放的影响研究[J]. 中国科技论坛, 2011(7): 134-140.

[101] HE Z X, XU S C, SHEN W X, et al. Impact of urbanization on energy related CO_2 emission at different development levels: regional difference in China based on panel estimation[J]. Journal of Cleaner Production, 2017, 140: 1719-1730.

[102] 魏巍贤, 杨芳. 技术进步对中国二氧化碳排放的影响[J]. 统计研究, 2010, 27(7): 36-44.

[103] 杨莉莎, 朱俊鹏, 贾智杰. 中国碳减排实现的影响因素和当前挑战——基

于技术进步的视角[J].经济研究,2019,54(11):118-132.

[104] 申萌,李凯杰,曲如晓.技术进步、经济增长与二氧化碳排放:理论和经验研究[J].世界经济,2012,35(7):83-100.

[105] 张兵兵,徐康宁,陈庭强.技术进步对二氧化碳排放强度的影响研究[J].资源科学,2014,36(3):567-576.

[106] 王喜,张艳,秦耀辰,等.我国碳排放变化影响因素的时空分异与调控[J].经济地理,2016,36(8):158-165.

[107] LIN B Q, OMOJU O E, NWAKEZE N M, et al. Is the environmental Kuznets curve hypothesis a sound basis for environmental policy in Africa?[J]. Journal of Cleaner Production,2016,133:712-724.

[108] 王少剑,苏泳娴,赵亚博.中国城市能源消费碳排放的区域差异、空间溢出效应及影响因素[J].地理学报,2018,73(3):414-428.

[109] 陈占明,吴施美,马文博,等.中国地级以上城市二氧化碳排放的影响因素分析:基于扩展的 STIRPAT 模型[J].中国人口·资源与环境,2018,28(10):45-54.

[110] 刘玉珂,金声甜.中部六省能源消费碳排放时空演变特征及影响因素[J].经济地理,2019,39(1):182-191.